矿物加工工程专业毕业设计指导

（金属矿山选矿厂设计）

主　编　赵通林

副主编　陈中航　段风梅

　　　　于克旭　张廷东

北　京

冶 金 工 业 出 版 社

2020

内 容 提 要

本书围绕培养矿物加工（选矿）专业应用型人才的要求，结合矿物加工工程专业的特点，以金属矿山选矿厂设计为主线，系统介绍了矿物加工工程专业毕业设计要求、设计步骤及设计方法，从生产规模、车间工作制度确定、工艺流程方案设计及工艺参数计算、主要设备选型与计算、辅助设备选型与计算、车间总图布置、车间机组平断面布置、技术经济分析方法、环境保护与自动化控制等方面进行了阐述，涵盖了必要的选矿厂设计的工程基础知识、专业规范与标准，及工程设计理念与思想。

本书为矿物加工工程专业本科生毕业设计指导教材，也可供从事选矿厂设计与生产管理工作的工程技术人员参考。

图书在版编目(CIP)数据

矿物加工工程专业毕业设计指导：金属矿山选矿厂设计/赵通林主编．—北京：冶金工业出版社，2020.9
普通高等教育“十三五”规划教材
ISBN 978-7-5024-8592-4

Ⅰ.①矿…　Ⅱ.①赵…　Ⅲ.①金属矿—选矿厂—设计—高等学校—教材　Ⅳ.①TD928.8

中国版本图书馆 CIP 数据核字（2020）第 165331 号

出 版 人　陈玉千
地　　址　北京市东城区嵩祝院北巷 39 号　邮编　100009　电话　(010)64027926
网　　址　www.cnmip.com.cn　电子信箱　yjcbs@cnmip.com.cn
责任编辑　张耀辉　宋　良　美术编辑　吕欣童　版式设计　孙跃红　禹　蕊
责任校对　石　静　责任印制　李玉山
ISBN 978-7-5024-8592-4
冶金工业出版社出版发行；各地新华书店经销；三河市双峰印刷装订有限公司印刷
2020 年 9 月第 1 版，2020 年 9 月第 1 次印刷
787mm×1092mm　1/16；12 印张；10 插页；332 千字；189 页
38.00 元

冶金工业出版社　投稿电话　(010)64027932　投稿信箱　tougao@cnmip.com.cn
冶金工业出版社营销中心　电话　(010)64044283　传真　(010)64027893
冶金工业出版社天猫旗舰店　yjgycbs.tmall.com

前　言

毕业设计（论文）是矿物加工工程专业重要的工程实践教育环节，可培养学生综合运用所学基础理论，专业知识与技能，分析、解决选矿厂设计中存在的实际问题，及从事选矿专业研究；培养学生刻苦钻研，勇于攻坚的精神和认真负责，实事求是的科学态度；规范毕业设计（论文）工作，保障设计（论文）质量，为毕业后逐渐成长为具有现代工程素养的应用型高级专业人才奠定坚实基础。

本书为矿物加工工程专业本科学生毕业设计的指导书，内容以金属矿山选矿厂国家现行安全生产规程、规范和工艺设计规范为标准，以工程设计过程为主线，围绕培养专业应用型人才的要求，系统讲述了矿物加工工程专业毕业设计要求、设计步骤及设计方法，从生产规模、车间工作制度确定、工艺流程方案设计及工艺参数计算、主要设备选型与计算、辅助设备选型与计算、车间总图布置、车间机组平断面布置、技术经济分析方法、环境保护与自动化控制等方面进行阐述，涵盖了必要的选矿厂工程设计基础知识和工程设计理念；并针对本科生毕业设计常见的问题做了强调说明，通俗易懂，实用性强。

本书由赵通林担任主编，陈中航、段风梅、于克旭（鞍钢集团矿业设计研究院有限公司）、张廷东（中冶北方（大连）工程技术有限公司）任副主编。参编人员还有郭小飞（辽宁科技大学）、牛文杰（鞍钢集团矿业设计研究院有限公司）。编写分工为：

第 1 章　由赵通林负责编写；

第 2 章　由于克旭负责编写；

第 3 章　由陈中航、段风梅负责编写；

第 4 章　由赵通林负责编写；

第 5 章　由段风梅负责编写；

第 6 章　由赵通林、郭小飞负责编写；

第 7 章　由陈中航负责编写；

第 8 章　由陈中航、郭小飞负责编写；

第9章　由于克旭、牛文杰负责编写；

第10章　由张廷东、于克旭负责编写；

第11章　由于克旭、张廷东负责编写；

附图　由张廷东、于克旭、牛文杰负责编写。

本书编写过程中，参阅了相关设计、研究院所等单位的文献，在此特向文献作者表示感谢！还要感谢鞍钢集团矿业设计研究院、中冶北方（大连）工程技术有限公司、通钢首钢板石矿业公司、鞍钢矿业公司等矿物加工工程设计研究院及矿业生产企业等单位的大力支持。

辽宁科技大学教材建设基金对本书的编写和出版工作给予了支持与资助。

由于编者水平有限，书中有不妥之处，诚请读者批评指正。

编　者
2020年5月
于辽宁科技大学

目　　录

1 毕业设计目的要求及设计依据

1.1 毕业设计的目的

毕业设计是高等工科院校学生在校期间所必须完成的最后一项学习内容，其通过综合运用所学基础知识与专业知识进行工程设计实践，解决工程问题，培养理论联系实际、分析问题与解决问题的能力。通过毕业设计实践教学环节可巩固所学的各种知识，掌握工艺方案设计的程序与方法、单元设计的技能等设计的基本知识，并对相关专业内容的设计有一定的了解，能综合考虑社会、经济、法律法规、环境保护等因素，培养学生综合工程素养和制定工程方案、分析与评价工程方案的能力。

1.2 毕业设计要求

1.2.1 毕业设计能力要求

毕业设计（论文）是重要的实践教学环节，要注意培养学生综合运用专业知识解决实际问题的能力。毕业设计（论文）应在教师指导下按时独立完成规定的内容和工作量。

（1）培养学生调查研究、收集资料，及对收集资料进行分析研究并灵活运用的能力。

（2）培养设计（论文）工程方案及对不同方案进行分析、计算比较，优化方案的能力。

（3）培养合理选取工艺设计参数，进行数质量矿浆流程计算的能力，以及合理选择设备型号，计算设备能力及台数的能力。

（4）培养工程师综合素质，考虑相关非技术因素，平衡各因素冲突与矛盾关系的能力。

（5）培养运用工程语言规范描述设计方案，绘制工程图纸、编写设计说明书（论文）的能力。

1.2.2 毕业设计内容要求

（1）毕业设计说明书应包括设计有关的阐述说明及计算，要求内容完整，原始数据选取合理、计算准确，文字通顺，格式规范，说明书须保证字数要求；设计要符合国家法律规范；充分考虑国家关于基本建设和环境保护方面的方针政策及法律规范。

（2）毕业设计图纸应能较好地表达设计要求及相关规定，厂房、设备布局合理，流程顺畅，能清晰表达主要设备及关键工艺，符合制图标准及相关规定，图纸应达到设计施工图的深度。毕业设计一般要求绘制 8 张工程图纸（为锻炼手绘图的能力，可要求有 1 张手绘图纸)，图纸应不小于 A2 图幅。

（3）毕业设计说明书（论文）为 1 万~1.5 万字，要求目的明确、方案合理，数据准确、可靠，分析条理清晰，结论准确，层次清楚，文字通顺。

（4）毕业设计方案要体现出技术上先进、生产上可行、经济上合理，使选矿设计工程在有效工作的前提下，具有投资省、运行费用低、管理简单的特点。

（5）毕业设计说明书（论文）应符合撰写规范要求，文本按照规范要求装订整齐。示例见附录 1。

1.2.3　毕业设计过程要求

（1）经过导师和学生双选后，学生接受设计任务后开始按计划开展工作。学生在设计过程中遇到疑难问题，应主动向指导教师请教，并定期向指导教师汇报设计进度，争取老师的指导和监督。

（2）按照设计任务书进度计划，按时提交完成设计任务，经指导教师审阅后及时修改纠正。

（3）学生对本人的设计（论文）质量负责，必须在规定的时间全面完成设计任务。

（4）学生必须独立完成全部任务，抄袭他人成果或请他人代替完成设计某些任务或全部任务属于学术不端行为，经教学委员会认定为学术不端行为的，取消答辩资格，并按学校规定给予相应处罚。

（5）学生参加毕业设计（论文）的时间不足全程的 2/3，不能进入答辩程序。

（6）毕业设计（论文）答辩前一周，提交全部设计（论文）作品，并填写答辩资格申请书，经指导教师和审阅教师撰写意见并签字，上交系主任等待学院审批结果。

（7）学生答辩前应进行充分的准备，如写出自述提要或者汇报提纲，锻炼提高自己的表达能力等。

（8）答辩后，学生应提交所有设计文档资料（包括设计说明书、设计图纸、论文等)，并按照要求将资料装入档案袋中，交给答辩秘书存档。

1.2.4　指导老师的要求

（1）指导教师于毕业设计前一学期酝酿并上报毕业设计（含论文）题目，填写题目登记表，设计（论文）任务书，制定设计（论文）日程表。毕业设计开始前，及时下达设计任务书，并召开动员会，布置任务，提出要求；指导学生利用毕业实习做好资料调研工作，准备好开题报告，于毕业实习末期或设计开始由系里组织开题；设计期间，定期举办设计指导讲座，整个设计期间不少于 3 次，可分别为设计理念及设计方案论证，流程设计与工艺参数计算；设备选择与计算，设备配置与绘图；技术经济分析；准备答辩等专题。

（2）指导老师按照毕业设计任务书、日程要求，督导、检查学生独立、按时完成各阶段任务；经常与学生交流、答疑，每周不少于一次；认真审阅各设计阶段学生完成的任务，按期认真填写学生的毕业设计手册，记录好学生的日常表现。

（3）于答辩前一周要求学生提交全部设计成果，认真审阅修正，撰写学生答辩申请表的评语和设计手册评语，督导学生做好毕业答辩准备，组织预答辩。

（4）遵守学校对毕业设计指导教师的各项要求。

1.3　毕业设计依据

设计主要依据有设计任务书，技术设计依据（技术资料，文献资料等），国家法律、标准、规范等。

1.3.1　设计任务书

工程项目设计任务书，也叫设计委托书，简称任务书、委托书，是上级部门下达的，具有法律效力，确定工程项目和建设方案的基本文件，既是设计工作的指令性文件，也是编制设计文件的主要依据。

详细的设计任务书的主要内容包括：设计的依据和原则、建设规模、服务年限、建厂地点、供矿方式、回收方法、产品方案、生产流程、车间组成、产品销售、投资估算、建设原则（分期或一次建成）、建设进度、主要工艺设备与装备水平的推荐意见以及资源、交通运输、供水、供电、机修等。对于拟采用的新工艺、新设备和存在问题也应在设计任务书中提出；规定需要开展的试验研究项目的具体安排和进度并提出解决问题的措施。

毕业设计任务书由学院或系里下达，指导教师下发给学生，是学生开展毕业设计的指令性文件及主要设计依据，任务书规定了设计题目、设计规模和设计范围、设计阶段、日程要求，以及基本的设计参数等，格式各异，必须有指导教师签字，为体现设计的严肃性和重要性，可由学院盖章签字。任务书参考样式见附录2。

1.3.2　设计技术资料

设计技术依据，即开展工程设计的各种技术资料，包括可选性研究资料，可行性研究资料，各种技术手册、研究报告等。这些资料是展开具体设计的技术依据，如选取设计方案、工艺方法、工艺参数等。

技术资料包括三类，一般性技术资料、相关性技术资料和专题性技术资料。

（1）一般性技术资料，如《选矿手册》1~8卷、《选矿设计手册》、《中国选矿设备手册》、各种论文集、专业类书籍、期刊、电子文献、设备厂家样本等。

（2）相关性技术资料，主要为与设计任务关系密切的研究类文献和生产记录文献等。如《选矿厂选址报告》《矿石可选性研究报告》《选矿厂流程沿革报告》《选矿厂生产资料汇编》《流程考查报告》《破碎粒度考查报告》及其他选矿厂经营管理类资料，选矿厂参考图纸或参考图册、设备样本等。还有收集的相关地质、气象、水源、交通资料等。

（3）专题性技术资料，如《鞍本地区合理精矿品位的确定》《细筛工艺论证报告》《三段破碎与自磨工艺技术经济比较》《高压辊工艺论证报告》《磁选柱试验报告》《预选试验报告》等。

1.3.3　专业领域相关的国家标准、行业及企业标准（规范）

如GB 50612—2010《冶金矿山选矿厂工艺设计规范》、GB 50782—2012《有色金属选矿厂工艺设计规范》、GB 50359—2016《煤炭洗选工程设计规范》、HG/T 22808—2016

《化工矿山选矿厂工艺设计规范》、GB 18152—2000《选矿安全规程》、GB 50863—2013《尾矿设施设计规范》。更多相关标准（规范）目录见附录1。

1.4 设计基本原则

在设计中应结合国家经济建设方针，合理、合法、先进、可靠，贯彻以下设计基本原则：

（1）设计要做到切合实际、技术先进、经济合理、安全实用，符合国家法律法规要求。设计中要尽可能节约用地，不占或少占良田，充分利用荒地、山地、空地、劣地，有条件的应结合场地施工改土造田，积极支援农业。

（2）工业项目必须按照专业化协作进行建设，一定要按“新模式”建设，即采取社会办企业，反对大而全、小而全的建设模式，这是发展生产技术、提高劳动力生产率的重要方法。工矿区的规划和设计，有条件的要做到工农结合、城乡结合，有利生产、方便生活、企业公用设施和辅助施工的设置，一定要充分利用当地的社会化协作条件。

（3）设计中要尽可能采用先进技术，吸取科研成就，努力提高技术水平，设计项目要体现国内先进水平，努力赶超世界先进水平，对国内先进技术的采用必须坚持经过试验和技术可靠性论证的原则，对国外先进技术，要认真学习、消化吸收、灵活运用。

（4）积极开展综合利用和“三废”治理，设计选厂“三废”的排放必须符合国家规定的标准，“三废”的治理措施必须与主体工程同时设计、同时施工、同时投产。

（5）设计工作一定要深入现场，联系实际、调查研究，加强生产、科研、设备制造和施工单位的密切配合。

1.5 选矿厂设计的发展趋势

（1）绿色环保。实现美丽中国，美好生活是基本国策，要求设计方案在科学论证基础上采用更高的卫生、安全、环保标准和低能耗的新工艺、新设备。

（2）设备规格大型化。设备大型化，对矿山提高工艺技术水平、生产管理水平以及降低成本效果明显，在资源储量可观的情况下，设计方案应尽可能选用寿命长、可靠性高、重量轻的大型设备，如ϕ6.5×9.65m 球磨机、ϕ1.83m 旋回破碎机、320m^3 浮选机。

（3）多碎少磨实现破、磨设备能量低耗化。选矿厂能量消耗较多，生产过程中，一般破碎磨矿能耗占选厂整个能源消耗的40%~70%，其中磨矿能耗占比例更高，降低磨矿设备能耗是非常突出的任务，设计中遵循“多碎少磨”的原则可有效降低选矿厂整体能耗。

（4）生产过程自动化。生产过程自动化是设计现代化选矿厂的重要标志，对于改善选矿作业条件、保持生产稳定、提高技术经济指标，起着十分重要的作用。目前我国各选厂主要采用分散控制，今后将逐步实现全厂自动化控制。自动化系统由系统启动、故障排查、参数调整、指标优化等模块构成。

（5）设计过程电脑化。设计过程电脑化是指设计过程采用计算机进行方案设计、计算及绘制工程图纸等，有条件的可采用专业设计软件、标准图库、选矿厂设计专家系统。

选矿厂设计程序和内容

2.1 选矿厂设计程序

2.1.1 设计阶段

选矿厂设计和其他基本建设工程一样，必须按照国家规定的基本建设程序进行，这是使基本建设工作顺利进行的重要保证。选矿设计程序分为三个阶段。

（1）设计前期准备工作阶段。主要研究矿山地质勘探总结报告，提出选矿试验研究要求，参加厂址选择，收集设计基础资料，编制可行性研究报告和设计任务书。

（2）设计文件编制阶段。主要根据领导机关下达的设计任务书开展设计工作。按设计的选矿厂规模大小和设计内容繁简程度，选矿厂设计文件编制阶段有如下几种情况。

一般按初步设计和施工图设计两个阶段进行。

技术简单的小型选矿厂可按方案设计和施工图设计两个阶段进行。

对重大项目和特殊项目，可按初步设计、技术设计和施工图设计三个阶段进行。

当设计比较复杂的冶金矿山企业时，为确定总体开发方案和建设的总体布置时，初步设计前可加总体规划设计（或总体设计）阶段。

（3）参加施工建设和总结阶段。有关设计人员应参加工程的施工建设，向建设单位和施工单位交代设计意图、解释设计文件、及时解决施工中出现的设计问题、监督工程质量，工程竣工后还要参加试运转与调试，必要时参加技术攻关。根据施工与投产实践，分析成功和不足之处，进行设计工作总结，以吸取经验和教训，不断提高设计水平。

设计人员有时还要参加矿样采集、矿石试验研究和新技术、新设备的研究工作。

2.1.2 设计方法

（1）设计前期工作。设计的前期工作是进行可行性研究，以可行性报告或工程方案设计的文件形式表达。一般须经过基础资料收集、现场查勘、现场勘测等环节。

（2）工程设计计算。含设计依据、城市或企业概况及自然条件、处理要求、工程设计说明。

具体包括：

1）设计处理规模，服务年限。

2）厂址选择说明。

3）工艺流程的选择和论证（说明工艺方案的技术先进性、经济的合理性，以及采用新技术的优越性和可靠性）及计算。

4）工艺设计说明（说明总体设计、平面和断面布置，主要工艺构筑物的设计特征、设计数据、结构形式、尺寸等）。

5）主要设备说明（性能、构造、材料、规格尺寸、原理、施工及维护使用注意事项等）。

6）选矿厂辅助建筑（办公、化验、控制、变配电、药库、机修等）和公用工程（供水、排水、道路、绿化）的设计说明。

7）选矿厂自动控制和监测设计说明。

8）选矿厂尾矿和污水的出路。

9）设备和主要材料量。

10）工程所用设备和主要材料清单（名称、规格、材料、数量）。

（3）工程概算书。说明概算编制依据、设备和主要建筑材料市场供应价格、其他间接费用等情况。列出总概算表和各单元概算表，说明工程总概算投资及其构成。

（4）经济效益分析。制定选矿厂的劳动定员；计算运行成本构成，说明计算依据，列出成本核算表；分析运行效益。

（5）工程的方案比较。

1）方案比较层次有基本工艺路线比较；设备的结构、性能比较；设备或设施形式、结构材料、性能的比较。

2）工程的方案比较内容：

① 工程的技术水平比较。比较基本工艺与设备的技术先进性与可靠性，运行的稳定性与操作管理的负责程度，各段作业的效率与总体指标，选矿厂占地面积，施工难易程度，劳动定员等。

在经济合算的原则下，比较其工艺技术、主要设备的技术、自动控制技术等方面是否先进合理。

② 工程的经济比较。一般选择技术上先进合理的几个方案比较经济合理性，即在技术上均满足要求的情况下，看哪一个方案更加“多、快、好、省”。

经济比较包括以下指标：工程总投资（包括工程造价和其他费用，如征地费、建设管理费、技术培训费、勘测设计调试费等）、经营管理费用（如处理成本、折旧与大修费、管理费用等）和生产成本。

2.1.3 设计步骤

（1）设计准备、资料分析。

1）设计准备。明确任务及具体内容要求，并针对设计任务进行参考资料、设计资料搜集。

2）资料分析。初步分析设计题目涉及的矿石性质及选别可能采用的方法，了解设计内容及其深度要求，弄清楚所搜集资料的用途，详细分析有关资料的矿石性质、选别工艺方面的资料。

（2）方案论证。应通过理论分析，从原矿性质、处理要求与处理程度，现行的可采用的工艺的特征入手，分析可能选用的选别工艺（应有多种备选方案）的技术先进性、可行性、经济合理性；并通过科技文献检索、实地（资料）调研，掌握该类矿石目前经常采用的选别方案，进行技术比较、经济比较，选择最优方案。

（3）初步设计计算。根据方案确定的工艺流程、各作业的具体形式，初步确定工艺参数，进行工艺流程计算；并初步确定各设备或设施的种类、能力，进行初步的平面布置和断面布置，为进一步设计计算和协调各设备之间的关系打好基础。

（4）设备或设施的设计计算。依据工艺流程计算结果，选择设备或设施，确定设备规格型号、数量、工艺参数，配套设备与管道的规格。此阶段可能需要反复结合总体布置的需要进行调整。

（5）图纸设计与绘制。根据上述计算结果进行图纸设计，并绘制。一般应参考实际工程的施工图图纸来完成。

（6）设计校核及文件整理（说明书、计算书）。学生需自校与互校，目录、摘要、参考文献等齐全，经指导教师检查后方可提交正式文件。

2.2 选矿厂设计内容

2.2.1 可行性研究

工程项目可行性研究是基本建设前期工作的重要内容，是基本建设程序的组成部分，其基本任务是：根据项目的国民经济长期规划、地区规划、行业规划和批准的项目建议书等的要求，对建设项目的技术、工程和经济方面进行深入细致的调查研究。经全面分析和多方案比较后，对扩建项目是否应该建设以及如何建设做出论证和评价，为投资决策提供依据。

可行性研究报告经主管部门审查批准后，可起如下作用：

（1）作为平衡国民经济建设计划和为编制与审批设计任务书提供可靠的依据。

（2）作为筹措建设资金和向银行申请贷款的依据。可行性研究报告所提出的建设投资估算精确度，要控制其与初步设计概算的出入不得大于10%。

（3）作为与建设项目有关的各部门签订协议的依据。

（4）作为编制新技术、新设备研制计划的依据。

（5）作为补充勘探、地质工作和计划的依据。

（6）作为大型、专用设备预订货的依据。

（7）作为从国外引进技术、设备、与国外厂商谈判和签约的依据。

可行性研究报告的内容，一般包括总论、建设规模、地质资料、厂址方案、各主体工艺、总图运输、公用辅助设施及土建工程、环境保护、企业组织、劳动定员和职工培训、项目的实施计划、总投资估算、建设资金筹措、成本估算、财务分析、经济效果分析、国民经济分析、综合评价等部分。

2.2.2 工程设计任务书

在可行性研究报告经领导机关审批后，认为该项目可行，且具备建厂条件时，方可编制设计任务书。设计任务书是领导机关向设计部门正式下达设计任务的文件。利用外资引进技术项目的设计任务书，可依国际通行做法，采用可行性研究报告形式。

工程设计任务书的主要内容包括：设计的依据和原则、建设规模、服务年限、建厂地点、供矿方式、回收方法、产品方案、生产流程、车间组成、产品销售、投资估算、建设原则（分期或一次建成）、建设进度、主要工艺设备与装备水平的推荐意见以及资源、交通运输、供水、供电、机修等。对于拟采用的新工艺、新设备和存在问题，也应在设计任务书中提出，并规定需要开展的试验研究项目的具体安排和进度，并提出解决问题的措施。

2.2.3　初步设计

初步设计在正式下达设计任务书后进行，是对任务书规定的内容进行具体设计的工作步骤。

编制初步设计必须具备下列条件：

（1）有上级领导机关正式批准的设计任务书。

（2）建设单位正式提供的基础资料，如科学研究部门提出的选矿试验研究报告，有关各种协议文件和设计所需的调查资料等。

编制的初步设计内容和深度应满足下列要求：

（1）为主管部门和委托单位提供可比选的方案，要在论证设计企业的企业效益、社会效益和环境效益的基础上，择优推荐设计方案，为上级机关审批提供依据。

（2）为主要设备和主要材料订货提供依据。

（3）据此签订征购土地和居民搬迁协议。

（4）为控制基建投资提供依据。

（5）据此指导和编制施工图设计。

（6）据此进行施工准备和为生产提供文字依据。

2.3　选矿厂设计文件的编制

在选矿厂的设计中，选矿专业称为主体专业。它负责与其他专业联系、协商，做到协调一致，共同完成任务。设计所需编制的文件有设计说明书及其图纸、附件。

2.3.1　初步设计

初步设计主要内容包括总论（任务的来源、设计依据、设计目的和设计指导思想、设计范围和分工等，地理交通位置及隶属关系、设计基础资料、建设条件、工程概况及主要技术经济指标、需要说明的问题等）；选矿工艺设计、设备设计、总图设计、车间平断面机组配置；技术经济（技术经济方案比较及认证、设计企业的职工定员和劳动生产率的计算、设计产品成本的测算和分析、设计企业所需总资金、企业建设的经济评价、设计企业主要技术经济指标）；相关专业的设计（这些专业有地质、水文地质、采矿、矿建、矿山机械、原料场、烧结厂、球团厂、总运输、机修和工业炉与仓库和化验室、电力、自动化、给排水、尾矿设施、采暖与通风、热力、土建、概算）；环境保护；安全与工业卫生；能源利用与节约措施等。

2.3.2　施工图设计

施工图设计必须根据已批准的前一阶段设计文件（如初步设计）进行设计，其工艺流程、选矿指标、配置方案及主要设备均不得变更。如有变更，应在报请原审批初步设计的机关批准后方可开工。

2.4 设 计 成 果

通过设计说明书和图纸体现设计成果。

2.4.1 设计说明书内容

初步设计说明书应力求简单、扼要、清晰。选矿专业部分的内容包括：

（1）简述矿床的成因及类型、矿石类型、品级、质量情况等。

（2）简述原矿开采条件、开采方法、运输供矿方式，供给选矿的原矿品种类型与废石（夹石、顶底板围岩）的品位，各时期采出各种原矿量及品位，原矿中废石混合率及其品位，含泥、含水、原矿粒度组成等情况。

（3）选厂概况，简述选矿厂的设计处理规模、年产精矿产量、工艺流程、主要技术经济指标及车间构成。主要经济技术指标包括原矿处理量、精矿产量、精矿品位、回收率、选矿比等。

（4）尾矿处理与处置，包括尾矿种类、数量、性质，尾矿脱水，输送，尾矿库位置、库容、服务年限、回水系统等。

（5）矿石的选矿工艺矿物研究，包括：

1）矿石的化学成分及含量（化学多元素分析）。列出各种矿样的有用、有害、造渣及可综合利用的化学元素及其含量、烧减等。一般还应列出废石，即夹石、顶底板围岩的主要化学成分及含量。

2）矿石的矿物组成及含量（物相分析）。列出各种矿物的种类、含量、有益、有害元素的赋存状态及其在各主要矿物中的含量和分布。

3）原矿的粒度组成及各粒度的金属分布。

4）原矿的结构构造及嵌布粒度特性。原矿的结构构造，主要矿物的嵌布粒度特性和解离度。

5）矿石的选矿理论指标分析。

6）矿石和矿物的主要物理、化学性质及其他工艺参数：矿石和矿物的真密度、堆密度、可浮性、比磁化系数、电导率、颜色、硬度、湿度、泥化程度、黏性指数、堆积角（安息角）、泻落角、摩擦系数、破碎和磨矿功指数、磨矿特性（可磨度与单体解离度），必要时还应列出废石、围岩的有关数据。

（6）选矿试验研究包括选矿试验流程和对试验的评价。

1）选矿试验流程。简要说明试验依据、试验规模（并列出主要设备规格性能）、各种选矿流程试验结果与推荐流程、主要产品检查分析、有关部门的鉴定结论。

2）本设计对试验的评述。简要评述矿样代表性，试验规模、内容、深度，试验流程与工艺指标及存在的问题的解决意见等。

（7）产品方案与设计流程。

1）产品方案的确定。说明产品品种、数量和质量指标。研究和确定选矿厂生产的精矿种类、精矿规格、精矿质量等问题。根据精矿质量标准（或联合企业后续加工要求）和市场需求（精矿质量要求），考虑最大限度综合回收资源，进行综合经济分析。

2）设计流程的确定。制定设计流程的原则与依据、流程结构特点、选定本设计流程的理由，根据各工程特点，简要介绍工艺流程方案比较的情况。

3）主要选矿技术指标。确定选矿技术指标的依据与原则，并列出各产品的主要选矿技术指标与综合利用的情况，确定选矿（包括破碎、磨矿、选别、脱水）消耗指标，包括主要材料、水、动力、燃料单消耗等；制定数质量及矿浆工艺流程图。

（8）工作制度与生产能力。

1）工作制度。简述选矿厂工作制度与矿山开采、运输工作制度的异同，并分别说明破碎、选矿的工作制度是连续工作制度还是间断工作制，包括说明年工作日，每天生产班数、每班生产小时数。

2）生产能力（处理量）。根据规模与工作制度、作业率，计算出破碎、选矿车间的日、小时生产能力（处理量）。

（9）主要设备选择与计算。根据设备技术性能和生产或工业试验能力，采用定额或公式计算与方案比较，选择计算的最终结果。

（10）各种矿仓形式、有效容积和储存时间的合理确定。

（11）车间组成与工艺和产过程。

1）车间组成。简述矿石预先处理、破碎、筛分、磨矿、分级、选别、浓密、过滤、干燥、仓库装卸（包括包装）等组成及其特点。

2）工艺过程。简述选矿厂与矿山开采、运输的衔接情况，各厂房连接关系和主要工序与设备生产过程，并说明总平面布置特点。

（12）检修设施。简要说明主要生产设备装备情况和确定检修设施的原则及装备水平。

（13）取样、检测和计量。简要说明生产工艺的特点和确定取样、检测及计量的设计原则与装备水平。

（14）工艺辅助设施。简要说明药剂储存与制备、钢球的储运与添加、技术检查站、实验室等辅助设施情况。

某选矿厂设计说明书目录样例见附录2。

2.4.2　初步设计说明书附表与附图

2.4.2.1　初步设计说明书的附表

（1）工艺部分主要技术经济指标表。

（2）供给有关专业的附表，主要设备表，人员表（工艺岗位操作人员定员表），主要材料、水、动力、燃料等消耗表，概算。

2.4.2.2　初步设计说明书的附图

（1）图纸目录；

（2）工艺数质量和矿浆流程图；

（3）机械（设备）形象联系图；

（4）工艺建（构）筑物联系图（平、断面图）（毕业设计一般不要求）；

（5）厂房（车间设备）配置图（平、断面图）。

附图须按选矿工艺设计制图规定绘制，并应满足下列深度要求：

（1）工艺数质量和矿浆流程图。

1）应标明原矿、精矿、尾矿的年处理量或产量，以及小时处理量或产量，并将图例标画在右上方。

2）各作业及各分作业的矿量或产量、产率、品位、回收率、水量、浓度等指标，同时将矿浆搅拌时间、浮选时间标出。

3）总作业及各分作业的矿量、金属量和水量都应闭合平衡。

4）总耗水、新水、环水（回水）都应分别绘出。

5）必要时可在图中适当位置附技术指标、产品物料平衡及药剂消耗等汇总表，同时应标明使用的药剂名称、添加地点及用量。

6）作业以两条水平线段表示，上粗下细，两端（中间）用垂直细线表示产物，循环产物应加箭头，非循环产物对是否加箭头没有要求，合并产物，两条线交汇在一起即可，跨越其他产物线时用半圆弧线交汇过渡。

7）破碎和选矿的设备作业率不同时，应在流程图中分别计算其小时处理能力或产量，并将计算公式标注在图中的适当位置，还应注意水量平衡。

8）在各作业中标注主要工艺设备的名称、型号、规格及台数。

（2）机械（设备）形象联系图。此图没有比例要求，设备形象国内还没有统一标准，采用简单的线条图，能够表达出设备的基本外形或主要构成，抓住设备主要特点，让矿加专业技术人员一眼就能看出来是哪类设备即可。要求设备形象为细实线，物料走向用加粗线并带有箭头表示。设备形象联系图整体布局很关键，既要简明，又要清楚明确设备关系，避免过多交叉线条，交叉线条采用弧线跨越。

（3）工艺建（构）筑物联系图（平、断面图）。

1）图形比例。一般平面图为1/1000或1/500，剖面图为1/500或1/200。

2）尺寸、标高单位以米计。

3）剖面图中应画出带式输送机的简略图形，标注主要尺寸、标高及倾角；必要时，可在平面图中用带箭头的单粗线表示带式输送机的位置，并标注其编号。

4）标高以绝对标高表示。

5）带式输送机转运站按生产流程顺序编号。

6）带式输送机通廊编号与带式输送机编号一致。

7）图内可写出必要的说明。

8）图内编建筑物一览表。

（4）厂房（车间设备）配置图（平、断面图）。

1）确定厂房柱子的定位轴线尺寸和编号（应与土建专业相一致），并在图中标注。

2）建筑物轮廓、柱子、平台等用细实线表示，标注主要平台的尺寸和标高，对于安装孔洞、梯子、栏杆等可示出其形状及大概位置。

3）所有设备（工艺设备用粗实线绘制，外专业设备用细双点划线或细实线绘制）应标注定位尺寸及标高。

4）起重机要标注吨位、起升高度、跨度、限位尺寸、轨道轨迹、司机室开门方向、摩电线位置和工作制度。

5）在矿仓图形中应注明有效容积、储存时间、储存的物料名称、粒度和容量。

6）尺寸以毫米计，标高以米计。

7）所有标高用相对标高表示，但要注明相对标高±0.00m 相当于绝对标高之值。

8）在第 1 张断面图中编制设备表。

2.4.3　施工图

施工图设计必须根据已批准的前一阶段设计文件（如初步设计）进行设计，其工艺流程、选矿指标、配置方案及主要设备均不得变更。如有变更，应在报请原审批初步设计的机关批准后方可开工。

施工详图应对施工质量要求和注意事项交待清楚，做到能按图施工和编制施工预算。施工图设计应绘制下列各类图纸：

（1）图纸目录；

（2）数质量矿浆工艺流程图；

（3）机械（设备）形象联系图；

（4）工艺建（构）筑物联系图（平、断面图）；

（5）厂房（车间设备）配置图（平、断面图）；

（6）设备或机组安装图（平、断面图）；

（7）（非标准）金属结构（零）件制造和安装图；

（8）厂房内矿浆、药剂、油、压风和真空管路图（平、断面图）；

（9）外部管路图（平、断面图）；

（10）取样流程图（简称取样图）。

取样图为竣工后调试及后续生产中考查各作业工作状态使用。取样图要求：

1）应标明取样点位置、取样方法、取样间隔时间、综合样个数和分析化验项目。

2）应注明流程的设备系列情况及台数。

2.4.4　毕业设计成果

毕业设计需完成选矿厂的初步设计和少量施工图。即根据所给资料，进行选矿厂选址，选矿工艺流程的选择与计算；选择计算主要设备，确定工艺参数；完成平面布置和断面布置；绘制少量施工图；初步的技术经济分析，初步的环境评价等。主要成果为设计说明书（含计算书、附表）和图纸。

设计说明书编制（1 万~1.5 万字）主要包括设计说明书（包含总论）、工艺论证、工艺参数计算（数质量矿浆流程指标论证设计及计算）、设备选择与计算、工艺过程简述、安全环保要求、技术经济分析等章节。

图纸绘制一般总量至少 8 张，图幅为 A0~A2 图纸。不准许使用 A3 及以下图幅（答辩时挂在前面评委看不清）。图纸包含选厂图纸目录、数质量矿浆工艺流程图、设备形象联系图（不做硬性要求）、工艺建（构）筑物联系图、主要厂房配置图（平、断面图）、部分施工图（如主要设备安装平、断面图）等。

毕业设计为锻炼学生手绘图纸能力，可适当安排部分图纸采用手绘。

对于毕业设计成果，不同学校和专业、不同时代的要求也会略有区别。有要求撰写3000字的设计总结（按期刊发表论文格式要求），也有要求至少翻译3000字的外文技术文献的。

毕业设计答辩过程、设计进程、毕业设计过程中的常见共性问题、毕业设计撰写规范见附录3~附录6。

3 选矿厂概况

3.1 设计任务与内容

3.1.1 设计任务

设计说明书开篇一般是选矿厂概况或总论，对选矿厂总体情况进行总结性说明，介绍毕业设计（论文）的选题背景及目的；毕业论文需重点阐述国内外研究状况和相关领域中已有的研究成果，课题的研究方法、研究内容；设计说明书需重点阐述设计主要依据，隶属关系，厂址选择，交通状况，自然环境，地质概况，建设条件，地区经济人文，选矿厂规模，矿石来源、性质，产品构成及质量、去向，主要技术经济指标，车间构成等。

收集资料的主要途径及内容：

通过查阅相关生产技术资料或专题研究文献、选矿厂初步设计说明书及图纸，毕业实习现场进行实际调研、观测，与现场工人及技术人员交流，现场管理及技术人员做专题报告，查阅相关文献等。

主要内容：

（1）选矿厂和矿区位置及交通。选矿厂地理坐标位置与主要铁路、公路、内河运输干线的对外交通联络关系，新修或扩修道路里程及设施工程量。

选矿厂厂址的选择一定要进行多方案比较。必须根据地形、工程地质、供电、供水、外部运输条件、尾矿输送距离、堆存方式、生产厂房、生活住宅设施安置地点及占地面积等做总体布置来论证，保证选定厂址的技术经济合理性。

（2）自然环境。地区平均温度、冬季最低温度、夏季最高温度、积雪时间、雨量、主导风向、最大风速等气象资料；原料及产品在什么温度和粒度情况下冻结，预防冻结的办法，采暖期限等；矿区和选厂区的地势，海拔高度；地表风化程度和地貌特征及有无山洪、泥石流、滑坡、岩石自然崩落等现象；地区地震基本烈度；地区林木、荒山植被情况以及可耕地的数量。

（3）地区经济情况及其他值得设计重视之风土人情和区域特点。

（4）矿石来源与性质。采场基本概况，矿床类型，设计储量，开采规模，设计服务年限，原矿品位、粒度、湿度等性质，运输方式。

（5）选矿厂基本概况。选矿厂规模、工艺流程及其特点、主要工艺指标，主要设备规格型号、生产能力、台数、操作参数等，总图布置、车间构成、车间内部机组布置方式与特点，生产成本、劳动定员等经济技术指标，污染源及其类型、污染量及其影响，电气自动化控制等。

3.1.2　设计内容

3.1.2.1　毕业设计说明书

选矿厂概况为说明书第1章，根据设计的具体内容，标题可为“选矿厂概况”“总论”“绪论”等，可分为5部分：

（1）毕业设计的选题背景与设计依据。主要描述设计任务来源和设计中采用的设计依据。背景主要交代任务来源和项目建设目的、处理对象等信息，依据主要是技术依据和法律依据，即参考的主要资料和国家标准。

（2）厂区的自然概况。主要描述选矿厂隶属关系，地理位置及交通状况，气象资料，供水、供电情况、产品来源和去向等。

（3）采场概况。主要描述采场名称、地理位置、采场的矿区地质概况、矿石储量、采矿生产规模、服务年限、矿石运输方式、矿石性质等采矿工序为选矿厂供应原料的基本情况。

（4）选矿概况。主要描述选矿厂规模，选矿厂车间构成、车间工作制度，采用的原则工艺流程及其主要特点，年产精矿量、尾矿量、金属回收率、选矿比、生产成本、总投资、服务年限、投资回收期等主要技术经济指标。

（5）尾矿库概况。主要描述尾矿输送方式（干排、湿排、综合利用等）、尾矿库地址、回水系统、筑坝方式、库容及服务年限的计算。

3.1.2.2　注意的问题

（1）充分利用现场学习机会，向现场工程技术及管理人员虚心求教，收集资料注意时效性，注意分辨陈旧资料是否符合现在实际情况，不能只注重摘抄不注意归纳整理和综合分析。

（2）现场局部布置，与图册、图纸差别较大的，要当场绘制草图，必要时进行实地测绘；还要注意一些细节，如给料口与给料皮带机的位置关系。

（3）采场的矿石年产量与服务年限应大于等于选矿厂年原矿处理量和选矿厂服务年限。

（4）注意资料的保密性，引用原创知识产权的合法性。

（5）设计依据部分给出主要依据即可，包括任务书、主要技术资料、专题研究报告、现场收集的生产资料、考察报告、国家相关法律法规等。

3.2　厂区自然条件与建设条件概况

3.2.1　厂区地理及行政概况

（1）概述厂区地理位置及行政隶属关系，厂区所在位置与主要城镇之间距离。

（2）环境保护、投资及资金来源、建设工程、企业性质以及有关上级机关或业主要求的批复意见。

（3）交通条件。厂区附近铁路、公路、水运条件，厂区内外部运输方便程度。矿石原料运输方式、目的地与距离，精矿等产品运输方式、目的地与距离等。交代清楚厂区内部和外部运输方式，新建或扩建里程，以及内外部运输衔接设施等的设置情况。

3.2.2 矿区经济条件概况

（1）矿区附近工业情况。

（2）矿区附近农业情况。

（3）矿区主要生产用材料及燃料供应情况（如建筑材料、木材、水泥、燃料等来源条件）。

（4）矿区劳动力来源。

（5）矿区用水、动力供应情况（工业民用水及电来源）。厂内供水水源地、供水方式、线路长度、生产及生活用水分别处理的设施情况等；电源及供电方式，供电线路，电压变电站的设置系统。

（6）其他值得设计重视的风土人情及地区经济情况。

3.2.3 矿区自然条件

（1）矿区气候条件。简要描述厂区所在地理位置的自然气候特点，并重点描述与设计相关的气候参数。

1）年最高、最低及平均气温，最热与最冷月份，冬季封冻期，土壤结冻深度，采暖室外计算温度。

2）相对湿度（最冷月份与最热月份）。

3）降雨量（降雨量日最大纪录，年最大、最小及平均值），降雨集中时段，历史最高洪水位。

4）降雪量（最大、最小及平均值），最大积雪深度与最大雪荷载。

5）厂区常年主导风向及风力，风荷载；冬夏室外大气压力。

6）厂区地震等级（烈度）。

（2）厂区地形及标高，山脉、河流、湖泊分布情况。

3.2.4 矿区地质资源概况

简明扼要重述该项目可行性研究报告或设计任务书中确定的主要设计原则，如地质储量（设计储量）、建设规模、矿山供矿条件和选矿相关的工艺参数。

（1）简述采场概况，包括矿床的成因及类型，以及工业类型、储量、开采规模、原矿开采条件、开采方法、运输供矿方式及服务年限等。

（2）矿石质量，包括供给选矿的原矿品种类型与废石（夹石、顶底板围岩）的品位，各时期采出各种原矿量及品位，原矿中废石混合率及其品位，含泥、含水、原矿粒度组成、氧化程度等情况。

3.2.5 选厂概况

简述选矿厂的设计处理规模、工作制度、工艺流程、产精矿产量、主要技术经济指标及车间构成。

（1）选矿厂规模。根据现已知地质储量，结合矿体产状和开采技术条件及供矿等情况，确定设计规模（万吨/年，吨/天）、服务年限、年工作制度、是否留有选厂发展的余地等。

（2）企业组成。企业生产组织的管理形式，下设车间、科室等机构的名称。企业劳动定员根据拟定的选矿工艺技术和装备水平编制，主要包括选厂部门和辅助生产系统的人员；选厂在册人数，其中生产工人、管理人员、服务人员人数。毕业设计可只考虑主要生产工艺车间，即破碎车间、磨选车间、脱水过滤车间。

（3）选矿厂主要设备作业率与车间工作制度。简述选矿厂工作制度与矿山开采、运输工作制度的异同，并分别说明破碎、选矿的工作制度是连续工作制度还是间断工作制，包括说明年工作日，每天生产班数、每班生产小时数。注意工作制度取决于车间主设备的作业率，设备的作业率是企业实际生产数据的统计结果，所以应充分调研设备的实际作业率，不可主观设定。每班工作小时数，应选取 0.5h 的整倍数。

（4）主要经济技术指标，包括原矿处理量，年精矿及尾矿产量（万吨/年，贵金属用 kg/a），精矿品位、金属回收率，选矿比等。

3.2.6 尾矿处理与处置

尾矿处理与处置包括尾矿种类、数量、性质，尾矿脱水，尾矿输送方式，尾矿库位置、库容、筑坝方式、服务年限、尾矿回水形式及回水量，防洪设施等。施工图设计时，要注意国家标准中的干滩长度、最高洪水位等要求，弄清分水岭位置和汇水面积。

尾矿库容积采用式（3-1）计算：

$$V = \frac{QN}{\gamma\eta} \tag{3-1}$$

式中 V——尾矿库容积，m^3；

Q——年尾矿量，t/a；

N——服务年限，a；

γ——尾矿平均堆积干密度，t/m^3；

η——填充系数，0.5~0.85。

3.3 矿石性质

3.3.1 矿石试验研究评价

选矿试验研究包括选矿试验流程和对试验的评价。

（1）选矿试验流程。简要说明试验进行的依据，试验规模（并列出主要设备规格性能），各种选矿流程试验结果与推荐流程，主要产品检查分析，有关部门的鉴定结论。

（2）本设计对试验的评述。简要评述矿样代表性，试验规模、内容、深度、试验流程与工艺指标及存在的问题的解决意见等。

新建选矿厂的试验报告，必须进行矿石相对可磨度或功指数测定试验；矿石中黏土及细泥含量多、水分大且难以松散时应做洗矿试验，必要时应进行半工业或工业性自磨试验及泥沙分选试验；矿石中含脉石或开采过程中混入围岩量多，并有可能在入磨前分离时，应做预选试验；采用浮选工艺流程时，应做回水试验，选矿产品应根据需要做沉降和过滤试验；选矿最终产品应进行密度、粒度、矿物组成和有害物质含量等项目测定；工艺流程排放物中有害组分超标时，必须进行治理或防护试验。注意引用资料的知识产权与权威性，写明试验研究单位名称、选矿试验类别是否适用设计矿石性质和规模，试验报告是否通过鉴定和项目主管部门批准。

3.3.2 选矿工艺矿物学研究

矿石的选矿工艺矿物研究，包括如下内容：

（1）矿石的化学成分及含量（化学多元素分析）。列出各种矿样的有用、有害、造渣及可综合利用的化学元素及其含量、烧减等，一般用化学多元素分析表呈现。必要时还应列出废石（夹石、顶底板围岩）的主要化学成分及含量。

（2）矿石的矿物组成及含量（物相分析），给出物相分析表。列出各种矿物的种类、含量、有益、有害元素的赋存状态及其在各主要矿物中的含量和分布。注意矿物名称规范，不要使用简称或化学式。

（3）原矿的粒度组成及各粒度的金属分布。

（4）原矿的结构构造及嵌布粒度特性。原矿的结构构造，主要矿物的嵌布粒度特性和解离度。

（5）矿石的选矿理论指标分析。

（6）矿石和矿物的主要物理、化学性质及其他工艺参数。矿石和矿物的真密度、堆密度、可浮性、比磁化系数、电导率、颜色、硬度、湿度（含水率）、泥化程度、黏性指数、堆积角（安息角）、泻落角、摩擦系数、破碎和磨矿功指数、磨矿特性（可磨度与单体解离度），必要时还应列出废石、围岩的有关数据。

4 选矿工艺流程的确定

4.1 设计任务与内容

4.1.1 设计任务

本章任务是制定适应于矿石性质、能产出设计产品方案的工艺。选矿工艺流程是设计的核心，是整个选矿厂设计的重点，起到龙头的作用，工艺制定有问题，后面的设备选择、平断面布置、经济分析等都失去了意义。所以工艺流程的确定十分慎重，在获取可选性研究资料的基础上，还要充分调研各家处理同类矿石的正在运行的选矿厂实际生产情况（生产记录、流程考察报告等），及其历年的流程沿革情况，结合工艺研究的新成果、选矿装备新成果，综合考虑技术经济指标，既要满足用户或市场对产品的要求，又要考虑资源综合利用率，及最佳经济效益与社会效益。基本原则是在符合国家法律法规的基础上，技术上先进、可靠，经济上合理可行，节能、环保、安全。先进体现在敢于采用矿物加工工程领域的最新成果；可靠体现在新成果经历了严格的论证与试验，最好是经过了几年的市场考验，采用后不会出现较大技术和经济上的风险，掌握好先进性和可靠性的平衡关系，需要在长时间的工作中不断积累经验。

流程的确定，要说明设计流程的原则与依据、流程结构特点、设计流程的理由。根据各工程特点，简要介绍工艺流程方案比较的情况。

破碎工艺方案与主厂房的磨矿选别工艺方案一般要分别进行论证。

工艺方案论证时要绘制原则流程或工艺流程图进行对比说明，最后确定的方案要绘制详细的线流程图，待设备选择后，绘制机械（设备）形象联系图，如果说明书中不绘制机械（设备）形象联系图，用图纸形式展现即可。

4.1.2 设计内容

4.1.2.1 毕业设计说明书

本章标题为“工艺流程确定”或“工艺流程合理性论证”，分为两部分：

其一为“选矿工艺流程设计”。制定设计流程的原则与依据、流程结构特点、选定本设计流程的理由。根据各工程特点，简要介绍工艺流程方案比较的情况。应参照可选性研究报告、同类选矿厂生产实践资料等技术资料，结合矿石性质和产品方案，进行多个方案比较，进行原则流程论证。毕业设计的流程论证主要从矿石性质、可选性试验结论、同类型选矿厂实践数据等方面展开工艺论证，论证工艺流程可以从矿石性质的适应性、技术的先进性与可靠性、经济的合理性几个方面进行；也可进行部分专题论证，做较为详细的技术经济比较评价。

其二为“专题论证”。一般按工艺特点进行，如破碎后预选的合理性、粗细分级后粗细产品分别选别的合理性、粗粒重选工艺的合理性、细粒磁选的合理性、磁选粗精矿反浮选的合理性、中矿返回的合理性（自循环或再循环的合理性）、筛分作业的合理性、细筛作业的合理性、自磨工艺的合理性、高压辊工艺的合理性、大小粒度干选的合理性、磁选柱精选的合理性等。

4.1.2.2 注意的问题

（1）论证中引用的原矿性质、可选性结论、同类型选矿厂生产实践资料切不可长篇抄录，要有选择性地选用，选用那些直接支持结论的地方，灵活运用这些资料，与论证有机结合起来，尽可能用数据来说明问题。

（2）注意论证目的一致性，有些资料间的数据或结论存在差异甚至矛盾，要仔细分析，去伪存真，对准论证目标，引用一致性的数据和结论。

（3）结论要明显突出，论证最后一定有明确结论，并给出最终确定下来的工艺方案详细的线流程图。

4.2 工艺流程的确定

4.2.1 影响工艺流程设计的因素

工艺流程的选择，主要取决于矿石的性质及对精矿质量的要求。矿石性质主要关注原矿品位和矿物组成、矿石中有用矿物的嵌布特性及共生关系、矿石在磨矿过程中的泥化情况、矿物的物理化学特性等。此外，选厂的规模、技术经济条件，也是确定流程的依据。不同规模和技术经济条件，往往决定了流程的繁简程度。

工艺流程的确定需综合考虑多种因素，主要包括：

（1）产品方案和质量指标。既要满足市场或上级公司的要求，又要充分利用矿产资源，尽可能实现综合回收和综合利用。

（2）预选。考虑采矿过程中的废石混入以及矿石自身的工艺学特性，通过预先富集可以提高主厂房的入选原矿品位，节约设备和能耗。预选工艺和设备在近几年也有了较大的突破，如破碎阶段的大小粒度分为干选工艺、高压辊磨后预选工艺，设备如磁滑轮、上吸式干选机、激光拣选机等。当前低品位原矿利用越来越普遍，预选的意义更为重要。

（3）矿石工艺矿物学性质。工艺应该与矿石工艺矿物学性质相匹配，从工艺上就能清楚地反映矿石工艺学性质、如连续磨矿工艺、阶段磨选工艺、细筛自循环工艺、早抛尾工艺、早拿精矿工艺、短流程工艺等。

（4）选矿厂规模。根据选矿厂规模的效益平衡点，规模较小、技术经济条件较差的选厂，不宜采用比较复杂的流程；规模较大、技术经济条件较好的选厂，为了最大限度地获得较好的技术经济效果，可以采用较为复杂的流程。

（5）建厂当地气候及经济条件。干旱地区要考虑用水量较少的工艺，经济落后地区要考虑工艺相对简单，投资会较小。

（6）法律及环境保护。工艺流程要符合国家有关方针、政策，节能环保，也要符合行业国家标准。

4.2.2 工艺流程流程确定的主要依据

（1）矿石性质研究结论。

1）原矿矿物分析，物相分析、化学全分析、试金分析、光谱分析。

2）综合回收的研究。凡地质报告中已计算储量的有用矿物，目前选矿技术能回收的伴生组分均应有试验，考察的数据资料，尚不能回收的伴生组分亦应有查明在各种产品中的分布数据。

3）选矿产品（精矿、半成品、尾矿）的多元素分析及物相分析，各种产品的密度与松散密度、粒度筛析等资料。

4）产品脱水的沉降试验、精矿溢流水和尾矿的水质分析、净化试验及回水试验、“三废”处理等试验资料。

（2）选矿试验的评价。主要评价选矿试验的深度是否满足设计要求，是否要做补充试验，对选择的原则流程是否正确以及流程内部结构（如中矿返回地点、精选次数）是否合理等。因此，应从试验矿样的代表性，试验规模和深度，试验选别流程，产品方案，选别指标的重复性、稳定性和先进性，药剂种类、来源、用量和危害性，综合回收及“三废”治理等方面进行评价。其重点是评价选别流程方案和产品方案的正确性。

（3）处理同类矿石选矿厂的生产实践资料。处理同类矿石选矿厂是实践证明的最有力证据。多年的生产实践说明该工艺与所处理矿石的性质是相互适应的，所以引用其处理工艺，生产中的技术经济指标是论证设计工艺的有力论据；同时调研发现的问题和现场提出的改进建议也是改进工艺的最好依据。

4.2.3 工艺流程的确定程序

（1）根据矿石性质、可选性试验的评价、同类矿石的选矿厂生产实践，确定几个较优方案。并进行技术经济对比分析，确定最优方案。

（2）通过对选矿试验的评价，确认选别流程的正确性，与类似选别流程的对比确认其可靠性，把选别指标与国内国际类似选厂指标相比，则可确认设计选别流程的先进性。

（3）确定工艺流程的原则是技术上先进、经济上合理、生产上可靠。在说明书中要进行工艺的论证，通常按工艺特点展开，逐一论证其先进性、合理性、可靠性。论证的论据来自矿石的工艺学分析结果、可选性试验结论、参照的同类选矿厂生产实践数据。

4.2.4 破碎流程的选择

破碎作业（含筛分作业）的主要任务是，为磨矿作业准备最适宜的给矿粒度，为粗粒矿物选别作业（如跳汰、重介质等）准备最佳的入选粒度，为高品位铁矿、冶炼熔剂等生产合格的产品。破碎流程的基本作业是破碎和筛分两个作业。筛分作业有预先筛分、检查筛分或预先检查合一的筛分；破碎流程中，细类矿粉对后续选别等作用有较大影响时，可进行洗矿作业。

在破碎过程中，为了避免过粉碎和降低成本，应该符合“多破少磨”原则。对于大粒度矿石的破碎必须逐段进行。在选矿厂中，一般采用二段或三段破碎。

粗碎：给矿粒度为1500~500mm，破碎到400~125mm。

中碎：给矿粒度为400~125mm，破碎到100~50mm。

细碎：给矿粒度为100~50mm，破碎到25~5mm。

4.2.4.1 破碎流程设计（选择）

破碎流程设计的目的为确定破碎段数和每一段破碎流程形式，流程选择的依据有：

（1）原矿的最大粒度，D_{max}；

（2）最终产品粒度，d_{min}；

（3）原矿和各破碎产物的粒度特性；

（4）原矿的物理性质（硬度、密度、含水量、含泥量等）。

破碎流程一般较少有试验资料作为设计依据，设计通常是根据采矿专业提供的开采技术条件、矿石物理性质及供矿方式、原矿最大粒度、最终破碎产品粒度要求、拟用破碎设备性能，并参考类似企业实际生产资料确定破碎流程。

根据总破碎比要求范围和各种破碎机在不同工作条件下的破碎比范围，选取破碎流程。通常总破碎比即使较小，一段破碎流程也难以实现；总破碎比较大，如50以上，一般情况下多采用三段破碎流程。所以，破碎段数应是两段或三段，特殊情况可考虑四段破碎流程（如难碎性矿石的大型选矿厂）。

设计破碎流程还要考虑筛分作业的配合，在给料中细粒级含量较多时，需要控制产品粒度时，就要考虑筛分作业。

有三种筛分作业形式，即预先筛分、检查筛分、预先检查筛分。矿石含粉矿或水分较多时，预先筛分可防止破碎机堵截，有利于其顺利工作，防止过粉碎，减少给矿量。预先筛分的缺点是增加厂房高度、增加基建投资和设备配置较复杂。对难碎性矿石，细粒含量少；破碎机有富余的生产能力；受地形限制，难于设置预先筛分；大型选矿厂的粗碎机给矿采用车厢直接倒入，即所谓挤满给矿等情形，可不设预先筛分。检查筛分可控制破碎产品粒度，充分发挥破碎作业能力。从技术上讲，各段排矿产物中均有过大颗粒，都可设置检查筛分，但由于设置检查筛分会增加投资，并使车间设备配置复杂化，因此，可只在最后一段破碎设置检查筛分，以控制破碎最终产物粒度，前面各段破碎可不设置检查筛分。

构成开路与闭路两类破碎与筛分单元工艺（一段破碎），筛分配合方式不同，形成5种单元破碎流程。常用破碎单元破碎与筛分流程有：（1）无筛分的开路破碎流程；（2）带预先筛分的开路破碎流程；（3）带检查筛分的闭路破碎流程；（4）带预先和检查筛分的闭路破碎流程；（5）带预先检查筛分的闭路破碎流程，如图4-1所示。

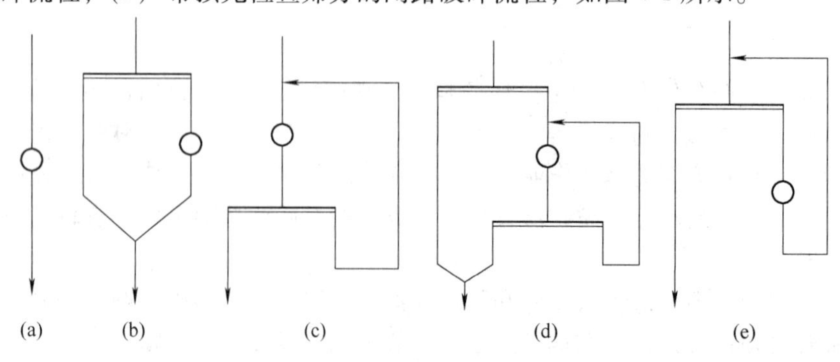

图4-1 破碎单元流程

一段破碎一般用于后续自磨工艺；两段及其以上的破碎流程称为多段破碎流程，大多数选矿厂都采用多段破碎流程，二到三段破碎流程是使用最广泛的多段破碎流程。多段破碎流程由单元流程组合而成，实际应用中，为控制产品合格率，最后一段多采用闭路，因此多段流程常用的种类仅十几种，如三段破碎工艺流程常用的仅4~5种。

大中型选矿厂的常规破碎流程，破碎筛分宜采用三段一闭路，产品粒度宜小于12mm；小型选矿厂可采用两段一闭路，产品粒度宜小于16mm。

4.2.4.2　破碎流程方案比较

根据原矿最大粒度、最适宜的磨矿给矿粒度，选用破碎设备的实际破碎比，计算破碎段数。通过对类似企业实际破碎产品最终粒度的考察，设备选用台数、配置情况、劳动卫生条件、经营费用等进行比较，说明设计破碎流程的合理性，包括破碎段数，开闭路，设置预先筛分和检查筛分的必要性，破碎流程中洗矿、手选等作业设置必要性。

配合自磨流程时，破碎一般只有一段粗破，保证有足够的大块物料（粒度+300mm矿块产率占30%以上）作为自磨机介质。还要考虑难碎顽石的处理方式（如硬度大的矿石自磨时添加5%~8%钢球介质，即半自磨工艺，或顽石单独处理）。以必要的试验结果为依据，充分调研自磨工艺选矿厂使用情况（如本钢歪头山选矿厂、昆钢大红山选矿厂），从工艺角度进行自磨工艺的合理性分析，还要进行与破碎—球磨方案的经济分析，分别计算投资和经营费用。从工艺角度与经济角度综合论证，选择较佳方案。

近年来，高压辊磨技术逐渐成熟，设备实现了国产化，粗中破后采用高压辊磨工艺代替细碎已成为新建选矿厂的常用工艺。高压辊磨机可以利用“层压破碎”原理，使70mm以下矿块在较低功耗下实现大破碎比破碎，可有效降低最终产品粒度（6mm，甚至3mm），实践证明，高压辊磨机产品有利于预选和后续磨矿作业，这是因为高压辊产品粒度小、裂隙发达易碎，可使磨矿效率大幅度提高，但要注意对浮选作业的影响，颗粒裂隙中的空气会显著改善矿物的表面疏水性，亲水性矿物的可浮性会得到一定的提高。拟用高压辊磨工艺要进行充分的试验，并从工艺和经济角度两个方面做综合分析论证。

带有预选作业的破碎与筛分工艺，要对预选的必要性和合理性进行详细论证。

4.2.4.3　绘制破碎工艺流程图

破碎机等采用圆圈表示，作业名称一般写在外侧，筛分机等采用上粗下细双线条表示，作业名称写在线上，注意标好图号、图名，作业名称。

4.2.5　磨矿流程的选择

设计磨矿流程要根据磨矿的目的进行，主要考虑两个方面：

一是为分选提供前提条件。即矿石中欲分离的矿物达到单体解离状态，工艺不同，要求磨矿达到的单体解离度也不同。连续磨矿一般要求目的矿物单体解离度超过85%，这样入选才能获得较好的精矿品质；阶段磨矿，如果第一阶段目的在于先抛出去大量的粗粒级尾矿，则要求磨矿粒度满足粗粒级脉石单体解离度达到80%以上，对有用矿物（目的矿物）的单体解离度不做严格要求，如果第一阶段目的还有获得阶段精矿，即早拿粗粒级精矿，则要求磨矿粒度需达到满足粗粒级有用矿物单体解离85%以上。

二是磨矿为下阶段处理提供合适的粒度。矿物单体解离是分选的前提，同时各种分选作业、后续产品处理作业以及对精矿产品还有细度要求，必须考虑在单体解离的基础上满足这些作业的适宜细度要求。

4.2.5.1 *磨矿流程设计考虑因素*

磨矿流程设计要综合考虑设计矿石的工艺矿物学性质、详细的磨矿流程试验资料、基建投资和能耗资料、给矿粒度和产品细度要求、选矿厂规模等因素。其中矿石性质要重点注意入磨物料粒度、硬度、脆性、含水率、粉矿含量等。

磨矿流程要解决两个问题：一是用什么磨矿工艺，二是用什么样的流程，即磨矿段数及与分级的配合关系。首先根据岩石鉴定结果、矿物共生关系及单体分离程度的研究结果、各段磨矿机的可磨性系数（或功指数）等资料，确定采用的磨矿方式，如自磨、塔磨（立式搅拌磨）、艾萨磨（卧式搅拌磨）、球磨机、棒磨机、砾磨机等；接着考虑磨矿段数，考虑预先分级与检查分级及控制分级设置的必要性，进行流程配置的灵活性、经济性等的比较。

4.2.5.2 *磨矿原则流程种类*

磨矿原则流程。根据与分级的配合方式可分为开路磨矿和闭路磨矿两种；根据与选别的配合方式可分为连续磨矿和阶段磨矿。

连续磨矿流程。首先将矿石磨细至达到后续选别要求，选别过程中再没有磨矿过程了。适用于嵌布粒度较均匀且不易泥化的矿石。矿物嵌布粒度相对较粗的矿石可采用一次磨矿，矿物嵌布粒度较细的矿石可进行两次以上连续磨矿。

阶段磨矿流程。是磨矿与选别相结合两次及其以上的多段流程，多段流程的种类较多，其主要由矿物嵌布粒度特性和泥化趋势决定。适用于矿石中有用矿物浸染不均匀、易泥化，或对选别产品粒度有特殊要求的流程。如常见两段磨矿流程中，处理中矿的再磨磨矿流程主要有三种方案：精矿再磨流程、尾矿再磨流程和中矿再磨流程。

（1）精矿再磨流程。指通过一段磨矿后入选，可以甩出一部分合格的大颗粒尾矿，然后再对粗精矿进行再磨再选的流程。适用于脉石矿物嵌布粒度较粗或有用矿物呈大颗粒集合体浸染状态的矿石。在较粗的磨矿粒度下，有用矿物就可以和脉石矿物分离，完成先抛尾，在经济上较合理。

（2）尾矿再磨流程是指通过一段磨选流程得到一部分合格精矿，而剩余的尾矿中尚有一定量的细粒级浸染的有用矿物，需再磨再选回收细粒级矿物。适用于有用矿物浸染很不均匀，有用矿物易氧化和泥化的矿物，还有要在保护有用矿物粒度的条件下应用。

（3）中矿再磨流程指在较粗的磨矿粒度下，可以得到一部分合格精矿，同时抛出一部分合格尾矿，部分中矿需再磨再选。适用于有用矿物和脉石矿物粒度分布都不均匀，中矿中有大量的连生体存在的情况。

4.2.5.3 *磨矿分级流程选择的一般原则*

矿物嵌布粒度不均匀或易过磨的矿石，宜采用阶段磨矿流程。

常规球磨流程。当磨矿粒度小于 0.074mm 粒级含量不超过 65%时，宜采用一段磨矿。磨矿粒度小于 0.074mm 粒级含量占 65%～90%时，宜采用两段磨矿。磨矿粒度小于 0.074mm 粒级含量占 90%以上时，宜采用三段磨矿。

其他类型磨矿流程。矿石中含泥、含黏土、含水较多且塑性指数较高时，宜采用自磨或半自磨流程，并应有相应的试验为依据。大型选矿厂且矿石性质适宜自磨或半自磨时，应以试验为依据，并应与其他碎磨流程方案比较后确定。非金属矿山有砾磨流程等方式。对超细要求的产品，可用艾萨磨、搅拌磨、气流磨等方式。

4.2.5.4 *磨矿流程段数*

一段单元流程。磨矿流程的基本作业是磨矿和分级两个作业。分级作业有预先分级、检查分级、预先检查分级和控制分级。按磨矿与分级组合，常见的有5种类型的一段单元磨矿流程：（1）无分级的开路磨矿流程；（2）带检查分级的闭路磨矿流程；（3）带预先检查分级的闭路磨矿流程；（4）带预先和检查分级的闭路磨矿流程；（5）带预先分级的开路磨矿流程，如图4-2所示。

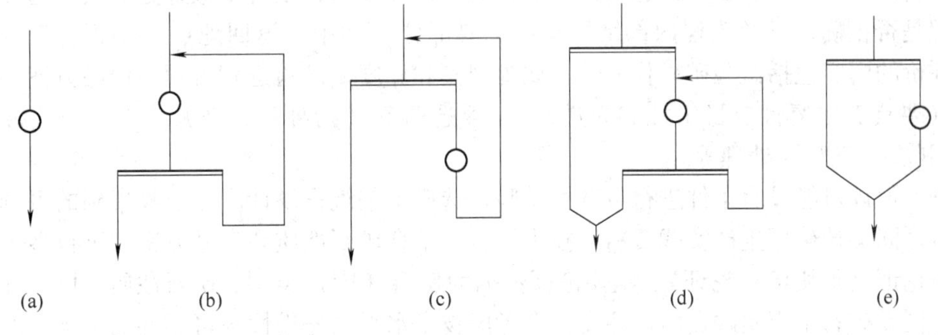

图4-2 磨矿单元流程

多段流程。优点是可以避免过粉碎、过氧化及泥化，有利于提高回收率与品位，对降低能耗与药耗也有利；缺点是设备投资费用偏大，操作管理复杂。常用多段磨矿流程如图4-3所示，括号中为图4-2中单元流程的组合方式。

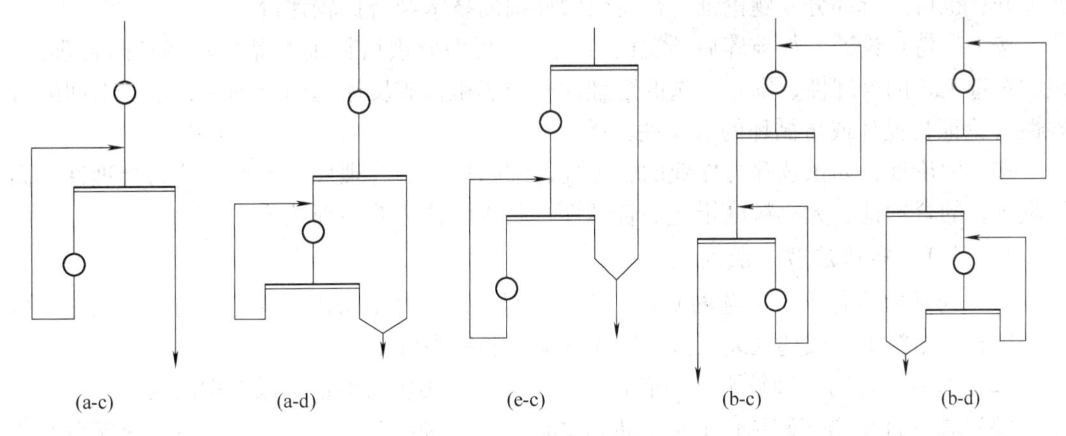

图4-3 磨矿单元流程

多段磨矿流程根据需要由单元流程组合构成，确定磨矿段数应掌握好磨矿段数与磨矿指标之间的关系，要求产物粒度-0.074mm含量小于72%，采用一段磨矿，产物粒度-0.074mm含量72%以时，宜采用多段磨矿。

段数根据最终粒度要求、矿石性质、嵌布粒度而定。一般金属矿段数较少，而非金属矿，尤其是石墨，段数较多，常为3~5段。给矿中合格粒度大于15%，最大给矿粒度小于6~8mm，应设置预先分级，控制产品粒度必须设检查分级。

4.2.6　选别工艺流程的选择

选择选别工艺流程任务，是制定适应于矿石性质、能产出设计方案的产品的工艺。选别流程是选矿厂的关键工艺过程。它选择得是否正确，关系到选矿厂能否选出合格精矿和能否给选矿厂带来最大的经济效益。因此，在设计之前，必须进行选矿试验以确定最合理的选别流程。所以，选矿试验推荐的选别流程是确定选别流程的主要依据。

鉴于矿山开采前采样困难，以及试验条件与生产过程的差异，设计者要根据自己的经验和类似矿石选矿厂的生产实践和精矿销售情况，对选矿试验进行评价，以确定合理的选别流程和产品方案。主要评价选矿试验是否满足设计要求，是否要做补充试验，选择的原则流程是否正确，以及流程内部结构某些重要部分（如中矿返回地点）是否合理等。因此，评价的内容包括试验矿样代表性、试验规模和深度、试验选别流程、产品方案、选别指标（要具有重复性、稳定性和先进性）、浮选药剂（指种类、来源、用量和危害性）、综合回收、“三废”处理等。

毕业设计可能没有条件进行可选性试验，选矿工艺流程设计应参照收集到的可选性研究报告、同类选矿厂生产实践资料等技术资料，结合矿石性质和产品方案，进行多个大方案比较论证（原则流程论证）。主要论证依据为矿石（床）类型、矿石性质、可选性试验结果、同类矿石生产实践资料。注意综合考虑技术水平的先进性与可靠性的平衡、经济效益与社会效益的平衡、节能环保等要求。

原则流程论证后，再按工艺特点逐一具体论证合理性。论证主要从工艺流程对矿石性质的适应性、技术的先进性与可靠性、经济合理性几个方面进行。

毕业设计的流程论证主要从矿石性质、可选性试验结论、同类型选矿厂实践数据等方面展开；也可进行部分专题论证，进行较为详细的技术经济比较评价。

按工艺特点论证，如破碎后预选的合理性、粗细分级后粗细产品分别选别的合理性、粗粒重选工艺的合理性、细粒磁选的合理性、磁选粗精矿反浮选的合理性、中矿返回的合理性（论证自循环或再循环的合理性）等。

按专题论证，如预选筛分作业的合理性、细筛作业的合理性、自磨工艺的合理性、高压辊工艺的合理性、大小粒度干选的合理性、磁选柱精选的合理性等。

4.2.6.1　磁选流程一般规定

（1）对适宜进行干式磁选的矿石，宜在较粗粒度条件下采用干式磁选的方式预先抛除部分废石。粗粒干式磁选抛废入选粒度应依据试验结果确定。

（2）对有用矿物粗细粒不均匀嵌布的矿石，宜采用阶段磨矿阶段选别流程。

（3）强磁性矿物在磁选作业后再进行磨矿分级、细筛分级或磁选作业时，应先对矿浆进行脱磁处理；细粒磁铁矿精矿在过滤前宜设置脱磁作业。

（4）在强磁选作业之前，应设置脱除强磁性矿物的作业。

（5）在强磁选作业之前，应设置隔粗作业。

（6）当采用细筛作业可提高精矿品位时，宜设置细筛作业。

4.2.6.2　浮选流程一般规定

（1）对于易泥化矿石，在浮选作业前宜设置脱泥作业。

（2）在多段选别流程中，中矿返回地点应由试验结果确定，设计中可依据精矿质量要求及中矿性质等因素进行调整。

（3）进入浮选作业前应设置调浆作业。

4.2.6.3 重选流程一般规定

（1）重选流程设计应依据有用矿物解离特性，贯彻“早收多收，早丢多丢”的原则，入选粒度应依据选矿试验结果确定。

（2）有用矿物与脉石矿物的比磁化系数差异小，且密度差异较大时可采用重选流程。

（3）重选作业的给矿应强化隔渣、分级、脱泥等作业。

4.2.6.4 脱水流程一般规定

（1）精矿浓缩底流浓度不应小于50%。当后续作业为长距离浆体管道输送时，底流浓度应满足浆体管道输送要求。中矿浓缩的底流浓度应依据下段作业的要求确定。

（2）磁选精矿的滤饼水分宜小于10%，浮选精矿的滤饼水分宜小于13%。

（3）当精矿滤饼水分不能满足下段作业要求时，宜设置干燥作业。

5 选矿厂工作制度及设计生产能力

5.1 设计任务与内容

5.1.1 设计任务

选矿厂工作制度与设计生产能力是选矿厂建成后进行生产组织与管理的重要依据。选矿厂的各个车间的各个工艺环节组成了整个生产系统，各环节相互配合，协调的工作制度，才能充分发挥整体的工作效率。

根据工艺特点，设备的性能设计行之有效的工作制度和设计生产能力是工艺流程计算的基础。

选矿厂的工作制度往往按车间进行单独设计，其依据主要与车间中最重要的、对车间生产过程影响最大的设备的作业率相关，所以应调研和收集与设计中拟用的粗破机、中破机及球磨机等大型核心设备的作业率，将多年的、多厂家的作业率记录进行统计分析，来设计拟用设备的合理作业率，既要能充分发挥设备工时，又要符合实际检修时间的预留要求。

设计生产能力（也称生产规模）是指单位时间处理的矿石量，分为年处理量、日处理量和小时处理量三种，如黑色金属矿选矿厂的年处理矿石量和有色金属选矿厂的日处理量。选厂生产规模还有一种采用精矿年产量的表示方式。生产规模一般在任务书中有明确要求，但在工程项目论证阶段，往往要确定生产规模。它决定了企业的建设规模、技术装备水平、生产服务年限、职工劳动定员等因素，是关系到企业建设和生产组织的重要问题，是展开选矿厂设计的重要依据。有的时候还要考虑分期建厂问题或预留生产能力问题。小时处理量指车间生产能力，与选厂年处理量或日处理量、设备作业率直接相关，多数情况下指去除水分后的干矿量。

5.1.2 设计内容

5.1.2.1 设计说明书

在设计说明书中，选矿厂工作制度与设计生产能力可以作为单独一章，也可以放在工艺流程计算一章中作为开篇部分。

其一为“设备作业率与车间工作制度”。简述选矿厂工作制度与矿山开采、运输工作制度的异同，并分别说明破碎、选矿的工作制度是连续工作制度还是间断工作制。

根据拟用的设备和车间构成，综合调研资料，设计粗破碎机作业率、粗破碎车间工作制度，中碎设备作业率与中碎车间工作制度，细碎机作业率与细碎车间工作制度，磨机作业率与磨选车间工作制度，脱水及尾矿车间可以直接设计工作制度，中细碎车间工作制度也可以设计成一致的。

设备作业率用百分数表示，车间工作制度用年工作天数、日工作班次、每班工作小时数表示。

其二为“车间生产能力计算”或“车间处理量计算”。根据年处理量或日处理量和设备作业率进行计算。

5.1.2.2 注意的问题

（1）工作制度源自设备作业率，设计时注意选取的作业率对应的工作制度在天数上要取整，每天工作的小时数应取0.5h的整倍数。如不能取年工作310.5天，每天工作5.6h。

可先用0.5h的整倍数工作制反推设备作业率，靠近调研的设备作业率选取。写说明书时不能因果倒置，即设备作业率决定车间工作制度。

（2）由于各车间的作业率不同，在工艺流程中各个阶段的小时处理量不同，要分别表示出来。如粗破碎排矿和中碎给矿，在流程上是一条物料走向线，此时应给以不同的编号，如2和2′，分别标注对应车间的小时处理量。

（3）此处有两个概念易混淆，注意作业率只能指设备，工作制度只能就车间而言。

（4）注意选矿厂中粗破的作业率应最低，其次是中细碎，磨矿与选别作业率较高。设计时要注意车间的衔接，用中间矿仓来平衡各车间作业率不同带来的处理量平衡关系，保持前后数据关系的一致性，防止产生矛盾。

5.2 选矿厂工作制度

选矿厂工作制度与设备作业率直接相关，工作制度指选矿厂各车间的工作制度，作业率指设备的年作业率。设备年作业率，是指各车间设备全年实际运转小时数与全年日历小时数之比。设计时应调研大型的主要设备年运转小时数的情况，可以通过收集选矿厂实际生产记录或设计手册中的一般统计数据。选矿厂一般为全年连续工作制，根据各车间设备年作业率确定合适的车间的工作制度。

破碎车间的工作制度，应参考采矿工作制度，采用330天连续工作制或306天的间断工作制；磨矿车间、选别车间是选矿厂的主体车间，采用连续工作制度，即一天工作3班，每班工作8小时。

精矿脱水车间，一般和主厂房一致，若精矿量很少，或所选设备能力大时，亦可采用间断工作制度，即一天工作1班或2班。

根据全国选矿厂大量生产记录数据，形成的选矿厂各车间的工作制度与设备作业率的设计规范见表5-1。

表5-1 连续工作制选厂主要设备作业率和作业时间

设备名称	作业率/%	年工作日/d	每班作业时间/h
破碎洗矿	56.5~67.81	330	5~6.5
自磨及选别	85~90.41	310~330	8
球磨及选别	90.41~93.15	330~340	8
精矿脱水	约90.4	约330	约8

具体数值应参考实际选矿厂和设备的工作情况进行统计并选择，表 5-1 中列举的是一般参考情况。

5.3 选矿厂规模的确定

一般用原矿处理量来表示选矿厂的规模，也有用精矿量表示选矿厂规模的。设计选矿厂的规模时，一般根据规划书或项目建议书确定，综合考虑当地要处理的矿石资源总量、采场生产能力、采场和选矿厂的服务年限、国民经济需要、社会需要、地区的总体发展规划、产品市场范围与容量、技术装备水平、外部建设条件等多因素来确定。表 5-2 为选矿厂规模划分方式。大型选厂规模一般为 50 万吨的整倍数。

表 5-2 选矿厂规模划分

类 型	黑色（原矿量）		有色（原矿量）		贵金属（精矿量）
	万吨/年	吨/日	万吨/年	吨/日	千克/年
大型	>200	>6000	>100	>3000	≥20
中型	60~200	1800~6000	20~100	600~3000	5~20
小型	<60	<1800	<20	<600	<5

选矿厂服务年限与设计储量和选厂规模有关，原则上规模越大的选矿厂设计服务年限应更长，当资源储量一定时，设计选矿厂规模越大，服务年限越短；反之，则服务年限越长。表 5-3 为不同规模选矿厂的服务年限，按地质设计储量计算出服务年限向上取整。

表 5-3 选矿厂的服务年限

选矿厂规模	大 型	中 型	小 型
服务年限/年	≥20	≥15	≥10

5.4 处理量的计算

选矿厂的处理量，是指破碎和主厂房年、日及小时处理原矿量。

精矿脱水车间是指年、日及小时处理精矿量。

根据选矿厂设计规模、车间工作制度，按式（5-1）计算各车间的小时处理量。计算结果是工艺流程计算和确定车间设备的主要依据。

$$Q_{时} = \frac{Q_{年}}{T} = \frac{Q_{日}}{t} \tag{5-1}$$

式中 $Q_{时}$——车间小时处理量，t；

$Q_{年}$——车间年处理量，t；

$Q_{日}$——车间日处理量，t；

T——设备全年实际运转小时（365 × 24 × 设备作业率 η），h；

t——设备日工作小时数，h。

各车间作业率和处理量都可能不同，一定要分别计算。如粗破车间与中细破车间应单独按其设备作业率计算。主厂房的小时处理量应按破碎产品年供矿量及磨机作业率计算。

选矿厂的年处理规模，通常指含水的原矿矿石量，而计算小时处理量时一般按干矿量计算，计算时注意去除水分。破碎车间不涉及矿浆浓度和水量计算，也可以不去除水分，用湿矿量计算小时处理量。提醒同学们计算工艺流程时，矿量、品位、产率、回收率等指标结果均取小数点后两位有效数字，比较特殊的是矿浆计算时，为保证水量计算精度，产物的液固比需保留小数点后 4 位小数。

6 工艺流程计算

6.1 设计任务与内容

6.1.1 设计任务

本章任务是选择、计算合理的工艺指标。选别流程计算的目的是通过流程计算，求得各产物的产率和重量，为选择选别设备、辅助设备及矿浆流程计算提供基础。

在设计中，不考虑选别过程中的机械损失和其他流失，认为各作业进入和排除的重量不变，所以，流程计算的原理是进入各作业的矿量或金属量，等于该作业排除的矿量或金属量，即遵循物料平衡原理。

任何一个工艺流程，都必须知道一定的已知条件，才能进行全流程计算。这些已知条件包括原始指标数、原始指标数的分配及原始指标数值的选择等。

工艺流程计算，包括破碎与筛分工艺流程数质量计算，磨矿与分级流程、选别流程的数质量矿浆流程计算。

详细说明确定选矿技术指标的依据与原则，并列出各产品的主要选矿技术指标与综合利用的情况。选取合理的工艺技术参数，作为数质量矿浆流程计算的原始指标。根据物料平衡关系、目的矿物或金属的走向关系，计算流程中各个作业产物的矿量、产率、金属（目的矿物）回收率、循环量、产物浓度、水量等工艺参数。

绘制数质量流程图、数质量矿浆流程图、机械（设备）形象联系图。

6.1.2 设计内容

6.1.2.1　设计说明书

本章标题为“工艺流程计算”，分为四部分：

其一，重要工艺技术指标的确定。主要有最终精矿品位的确定与论证，最终精矿中目的矿物或金属回收率的确定与论证；各磨矿段磨矿粒度的确定与论证；必须控制的产物浓度的确定，如各段磨矿浓度；循环量的确定，如磨矿流程的循环负荷（返砂比），中矿的循环产率等。

其二，破碎与筛分流程的计算，计算总破碎比，各段破碎比，各段产物粒度，各段破碎机排矿口大小，各段筛分作业的筛孔尺寸、筛分效率；产物矿量与产率。将计算结果绘制于破碎与筛分数质量流程中。

其三，磨矿与分级流程计算。磨矿产物矿量与产率，计算产物浓度与水量。计算结果绘制于磨矿与分级数质量流程中。

其四，选别流程计算。根据平衡关系计算作业产物的品位、产率、矿量、回收率、浓度、水量、矿浆体积等工艺指标。

6.1.2.2 注意的问题

（1）精矿品位、回收率是核心工艺指标，其他工艺指标均为这个产品指标服务，所以确定产品方案十分关键，要进行充分的论证，或满足市场需求要求；或满足上级公司制定的产品方案要求。

（2）注意指标的先进性与可靠性关系。工艺指标的选取来源主要有两部分：一是矿石可选性研究报告，二是同类选矿厂的生产工艺指标。选取时既不能保守，也不能不符合实际冒进，前者体现不出新设计选矿厂的优势，后者投产后难以调试达标。

（3）毕业设计中有几个关键工艺参数要注意：一是大型设备的负荷率；二是中矿循环产率，根据矿石可选性研究结论确定，一般不宜太高，20%～60%为宜；三是矿石密度，随着品位的升高，固体物料密度逐渐升高；四是浓缩机（沉降大井）的通过率，精矿与尾矿有较大差别。

（4）流程计算要进行平衡校验。在注意质量指标（粒度、品位、浓度等）合理的基础上，注意数量指标（矿量、产率、回收率、水量等）的平衡。

（5）画流程图时注意选别作业用两条线段表示，上面用粗线，下面用细线，作业名称写在线段上面（有不少同学习惯写在下面），尽量避免线条交叉和重叠。

（6）可不必列出计算过程，但要有计算过程说明，可列表说明，一般用计算机编程计算，附上程序与结果清单即可；用 Excel 计算表也可以，先说明计算思路与方法，再附上计算结果表，注意要改造为规范表格。

6.2 破碎流程的计算

6.2.1 计算所需原始资料

（1）破碎车间的处理能力、设备作业率（车间工作制度）。

（2）原矿、各段破碎机排矿产物粒度特性，可以参照类似选矿厂实际粒度特性资料，或选用典型粒度特性图，指明出处。

（3）各段筛分作业的筛分效率、筛孔选择的筛分制度。

（4）矿石的物理性质（硬度，含水、含泥量，矿石松散密度）。

（5）原矿和最终破碎产物最大粒度。

6.2.2 流程计算与标注的通用字母意义

流程图上代号规定如下：

D_{max}——原矿的最大粒度，mm；

d_{max}——破碎产品的最大粒度，mm；

d_{min}——破碎最终产品的粒度，指 d_{95}粒度，mm；

d——破碎中间产品的粒度，指 d_{95}粒度，mm；

i——破碎比；

e——破碎机排矿口宽度，mm；

a——筛孔尺寸，mm；

Q——产量，t/h、t/d、万吨/年；

Q_h——车间小时处理量或设备台时生产能力，t/h；

γ——产率,%；

E——筛分、分级效率或作业金属回收率,%；

α——原矿品位,%；

β——精矿品位,%；

θ——尾矿品位,%；

ε——金属回收率,%；

C——质量浓度,%；破碎与磨矿工艺的循环负荷,%；

ρ——密度，kg/m^3、t/m^3；

R——液固比；

W——作业产品含水量，m^3/h；

L——作业或者产品补加回（环）水量，m^3/h；

t——浮选或搅拌时间，min；

粒度数字前加“+”时，表示大于该粒度，如：+20mm，即表示大于20mm；

粒度数字前加“-”时，表示小于该粒度，如：-20mm，即表示小于20mm；

磨矿细度的标注，如“95%-3.0mm”即表示磨矿产品中-3.0mm占95%；“55%-0.074mm”即表示磨矿产品中-0.074mm占55%。

6.2.3　计算步骤

（1）计算破碎车间小时处理量 Q_h（t/h）。破碎车间小时处理能力计算公式如下：

$$Q_h = \frac{\text{年处理量} \times (1 - \text{含水率})}{365 \times 24 \times \text{设备作业率}} \tag{6-1}$$

破碎机作业率和负荷率均较低，能力一般富余较多，计算破碎车间作业矿量时也可以不去水分。

（2）确定破碎段数 n，确定方法见第4章。

（3）确定每一段流程形式。给出破碎流程计算图，编写作业产物序号，如图6-1所示。

（4）初步拟定设备。

（5）计算总破碎比：

$$i_{\text{总}} = D_{max}/d_{max} \tag{6-2}$$

（6）分配各段破碎比 i_n。先计算平均破碎比，图6-1所示为三段破碎，则：

$$i_{\text{平}} = \sqrt[3]{i_{\text{总}}} \tag{6-3}$$

再试选一、二段破碎比 i_1 和 i_2。

再以 $i_3 = i_{\text{总}}/(i_1 i_2)$ 求第三段破碎比 i_3。一般三段破碎比 $i_1 < i_2 < i_3$。

注意破碎比影响后面的产物粒度，进而影响设备的选择，所以要兼顾设备的性能（进料口宽度、排矿口宽度），否则难以选择到合适的设备。

（7）计算各段破碎产物的最大粒度（结果保留两位小数）：

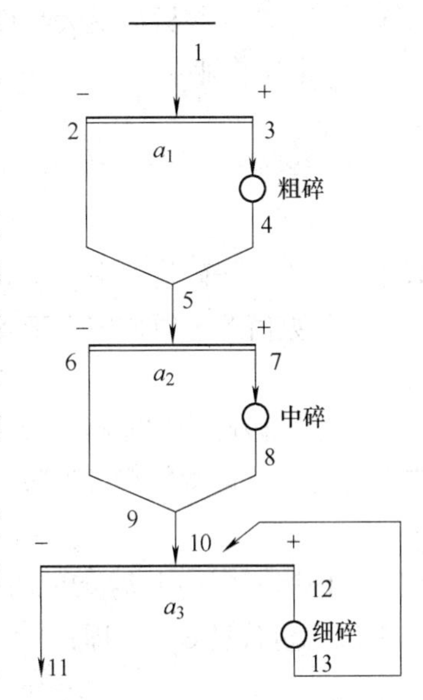

图 6-1 破碎流程计算图

$$d_5 = D_{max}/i_1 \tag{6-4}$$

$$d_9 = d_4/i_2 \tag{6-5}$$

$$d_{11} = d_8/i_3 \tag{6-6}$$

d_{11}往往不用计算，直接写破碎的最终粒度即可。

（8）计算各段破碎机排矿口宽度 e(mm)。首先根据工艺要求，给料口、排矿口宽度（有的设备样本称为紧边排料口）初步拟定设备。如粗碎，可按规模拟定旋回或颚式破碎机，注意两者最大相对粒度（也叫过大粒子系数，Z_{max}）不同，设备选型如果不确定，可对两者的排矿口均进行计算备用。

破碎机排矿口宽度与破碎机形式及其最大相对粒度（Z_{max}）有关。根据定各段破碎机的形式，计算其排矿口宽度：

$$e = d/Z_{max} \tag{6-7}$$

如 $e_4 = \dfrac{d_5}{Z_{1max}} = \dfrac{246.31}{1.45} = 169.87\text{mm}$，取 $e_4 = 170\text{mm}$。

最后一段闭路破碎，筛分作业按等值筛分工作制计算，则：

$$e_{13} = 0.8d_{11} \tag{6-8}$$

所有设备排矿口 e 均以 mm 为单位，就近取整数。

（9）选择各段筛子的筛孔 a(mm) 和筛分效率 E(%)。一段预先筛分作业的筛孔尺寸 a_1 应在 $e_4 \leqslant a_1 \leqslant d_5$ 范围内选取；同理，二段预先筛分作业的筛孔尺寸 a_2 应在 $e_8 \leqslant a_2 \leqslant d_9$ 范围内选取。

选用棒条筛时，筛孔至少 50mm，棒条筛筛分效率一般较低，通常取 $E_1 = 60\%$。

检查筛分的筛孔和筛分效率按两种方法确定，即正常（标准）筛分工作制度和等值筛分工作度。

常规筛分工作制度：

$$a = d, e = d, E = 85\% \tag{6-9}$$

等值筛分工作制度：常用 $a_3 = 1.2d_{11}$，筛分设备近年来发展较快，筛分效率得到显著提高，故筛分效率可根据实际情况取值，通常筛分效率在 65%~85%范围。

等值筛分工作制因放大筛孔，筛分机工作效率会明显提高，产品满足 95%以上合格率，故广为采用；反之，目前几乎不再使用常规筛分工作制。

（10）计算各产物的产率 γ(%) 和重量 Q(t/h)。破碎流程计算的关键点在筛分作业，利用筛分效率公式计算出筛下量，或已知筛下产物量来反算筛分作业给入量。

单元流程计算略，多段破碎流程计算以图 6-1 所示流程为例：

1）粗碎作业 Q_1，γ_1 为已知，则：

$$Q_2 = Q_1\beta_1^{-a_1}E_1;\ \gamma_2 = Q_2/Q_1$$

$$Q_3 = Q_4;\ \gamma_3 = \gamma_4 = \gamma_1 - \gamma_2$$

$$Q_5 = Q_1;\ \gamma_5 = \gamma_1$$

式中 $\beta_1^{-a_1}$——原矿中小于粗碎预先筛子筛孔 a_1 的粒级含量，根据粗筛筛孔尺寸（a_1）

与原矿最大粒度（D_{max}）之比，查原矿粒度特性曲线获得。

2）中碎作业：

$$Q_6 = Q_5\beta_5^{-a_2}E_2;\ \gamma = Q_6/Q_1$$

$$Q_7 = Q_8 = Q_5 - Q_6;\ \gamma_7 = \gamma_8 = \gamma_5 - \gamma_6$$

$$Q_9 = Q_5 = Q_1;\ \gamma_9 = \gamma_5 = \gamma_1$$

式中 $\beta_5^{-a_2}$——矿物 5 中小于 a_2 筛孔粒级含量。

$\beta_5^{-a_2}$ 数值等于原矿中小于 a_2 粒级含量和产物 4 中小于 a_2 粒级含量之和，即：

$$\beta_5^{-a_2} = \gamma_1\beta_1^{-a_2}E_1 + \gamma_4\beta_4^{-a_2}$$

因第一段筛分作业筛孔远大于二段筛孔，可以认为在第一段筛分作业中，原矿中小于二段筛孔尺寸的颗粒全部通过，故

$$\beta_5^{-a_2} = \gamma_1\beta_1^{-a_2} + \gamma_4\beta_4^{-a_2}$$

又因原矿中小于 a_2 的粒级含量 $\beta_1^{-a_2}$ 值很小，故设计中多以粗碎机排矿产物 4 中小于 a_2 粒级含量代替 $\beta_5^{-a_2}$，即：

$$\beta_5^{-a_2} = \beta_4^{-a_2}$$

3）细碎作业。根据细碎段闭路筛分作业的小于筛孔尺寸物料的平衡关系，第三段筛分作业可以列出以下平衡方程式：

$$Q_{11} = (Q_4\beta_9^{-a_3} + Q_{13}\beta_{13}^{-a_3})E_3$$

又 $Q_{11} = Q_1$，故

$$Q_{13} = Q_1(1 - \beta_9^{-a_3}E_3)/(\beta_{13}^{-a_3}E_3)$$

$$\gamma_{13} = C = 1 - \beta_9^{-a_3}E_3/(\beta_{13}^{-a_3}E_3)$$

$$Q_{12} = Q_{13};\ \gamma_{12} = \gamma_{13}$$

$$Q_{10} = Q_9 + Q_{13};\ \gamma_{10} = \gamma_9 + \gamma_{13}$$

$$Q_{11} = Q_1;\ \gamma_{11} = \gamma_1$$

式中 $\beta_{13}^{-a_3}$——产物 13 中小于 a_3 筛孔的粒级含量，由 a_3/e_3 的比值查产品粒度曲线获得；

$\beta_9^{-a_3}$——产物 9 中小于 a_3 筛孔的粒级含量，其数值等于原矿、粗碎排矿和中碎机排矿 3 个产品中小于 a_3 筛孔粒级含量之和。

即：

$$\beta_9^{-a_3} = \gamma_1\beta_1^{-a_3}E_1E_2 + \gamma_4\beta_4^{-a_3}E_2 + \gamma_8\beta_8^{-a_3}$$

为了简化计算，特别是在实际流程考查或设计中也可用：

$$\beta_9^{-a_3} = \beta_1^{-a_3} + \gamma_4\beta_4^{-a_3} + \gamma_8\beta_8^{-a_3}$$

因小于 a_3 的矿粒通过第一、二段筛分作业的筛分效率 E_1 和 E_2 均可视为 100%。$\beta_9^{-a_3}$ 则简化为直接用中碎机排矿产物 $\beta_8^{-a_3}$ 中小于 a_3 的粒级含量：

$$\beta_9^{-a_3} = \beta_8^{-a_3}$$

带有预选作业的破碎流程计算相对复杂一些，预选作业的计算请参考选矿流程计算。

4）计算实例。以首钢通钢集团板石选矿厂破碎工艺为例，计算破碎工艺流程。

首钢通钢集团板石选矿厂的采矿场由于前期剥岩滞后，导致目前废石混入率达 18%左右，为恢复地质品位，板石选矿厂在破碎阶段采用“大小粒度干选工艺”进行预选。如图 6-2 所示。注意流程图中要给出图号、流程名称、流程中的作业名称。

该破碎工艺带有预选部分，首先计算出所需充分必要的原始指标数量为 4 个，根据现

场废石混入情况和干选生产资料，选取大小粒度干选废石产物 8 和 9 的品位与产率作为原始指标。已知的数据还有：筛孔尺寸 a(15mm) 和筛分效率 E。通过破碎产品粒度曲线查得产物 3 和产物 11 中小于筛孔尺寸的含量 β_3^{-15} 和 β_{11}^{-15} 。破碎工艺中的筛分作业产物品位变化可忽略，即产物 4、5、6 全铁品位相等。

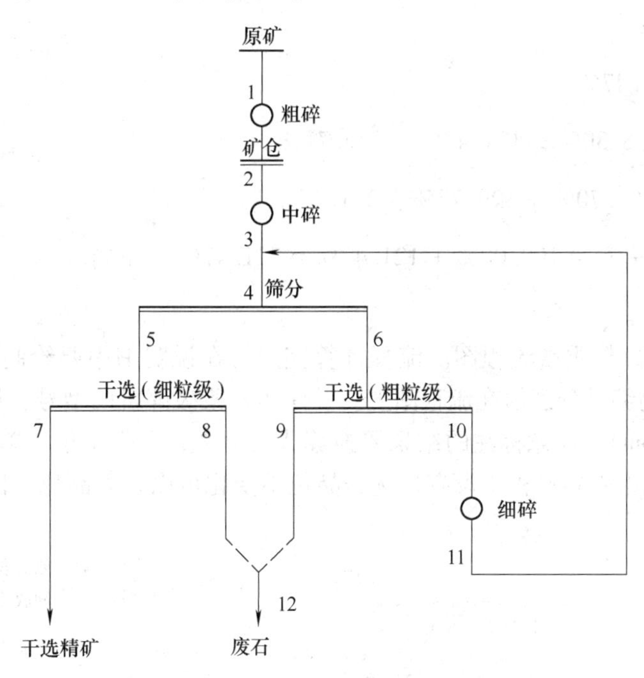

图 6-2 板石矿破碎流程计算图

流程计算思路：

根据平衡关系，易计算出产物 3 的产率 r_3 等于产物 1 产率 r_1。存在循环产物 11，该流程不能从上至下计算。考虑产物 12 由产物 8、9 合并成，因此品位和产率均可求。再以产物 3 为入口，产物 7 与产物 12 为出口，计算出产物 7 的指标。由产物 5、7、8 的平衡关系，计算出产物 5 的指标。筛分作业产物 4、5、6 根据筛分量效率定义，可以求得产物 4、5、6 指标。进而得到产物 10 和 11 的指标。

其筛分作业的筛分量效率 E 根据考查结果取 85%，计算过程如下：

$$r_3 = r_2 = r_1 = 100.00\%$$

$$r_{12} = r_8 + r_9 = 9.50\% + 8.30\% = 17.80\%$$

$$\beta_{12} = \frac{r_8\beta_8 + r_9\beta_9}{r_{12}} = \frac{9.50\% \times 11.50\% + 8.30\% \times 9.80\%}{17.80\%} = 10.71\%$$

$$r_7 = r_3 - r_{12} = 100\% - 17.80\% = 82.20\%$$

$$\beta_7 = \frac{r_3\beta_3 - r_{12}\beta_{12}}{r_7} = \frac{100.0\% \times 26.70\% - 17.80\% \times 10.71\%}{82.20\%} = 30.16\%$$

$$r_5 = r_7 + r_8 = 82.20\% + 9.50\% = 91.70\%$$

$$\beta_5 = \frac{r_7\beta_7 + r_8\beta_8}{r_5} = \frac{82.20\% \times 30.16\% + 9.50\% \times 11.50\%}{91.70\%} = 28.23\%$$

根据筛分效率定义：$r_5\beta_5^{-15} = E(r_3\beta_3^{-15} + r_{11}\beta_{11}^{-15})$ 得：

$$r_{11} = \frac{r_5\beta_5^{-15} - Er_3\beta_3^{-15}}{E\beta_{11}^{-15}} = \frac{91.70\% \times 100.00\% - 85.00\% \times 100.00\% \times 35.00\%}{85.00\% \times 60.00\%}$$

$$= 121.47\%$$

$$r_{10} = r_{11} = 121.47\%$$

$$r_6 = r_9 + r_{10} = 8.30\% + 121.47\% = 129.77\%$$

$$r_4 = r_5 + r_6 = 91.70\% + 129.77\% = 221.47\%$$

校核：$r_4 = r_3 + r_{11} = 100.00\% + 121.47\% = 221.47\%$，正确。

矿量等计算略。

（11）绘制破碎数质量流程图。流程计算完成，在说明书中要绘制破碎数量流程图。将计算结果按产物编号分别填在流程图上。并注明各段破碎机的型号、规格、排矿口 e 及筛孔 a 的大小（mm）。注意标注的结果要换算成百分数，不带单位，单位标注在图例中，如图 6-3 所示，如果破碎流程中没有预选，品位不变化可以省去品位、回收率指标，浓度与水量也可省去。

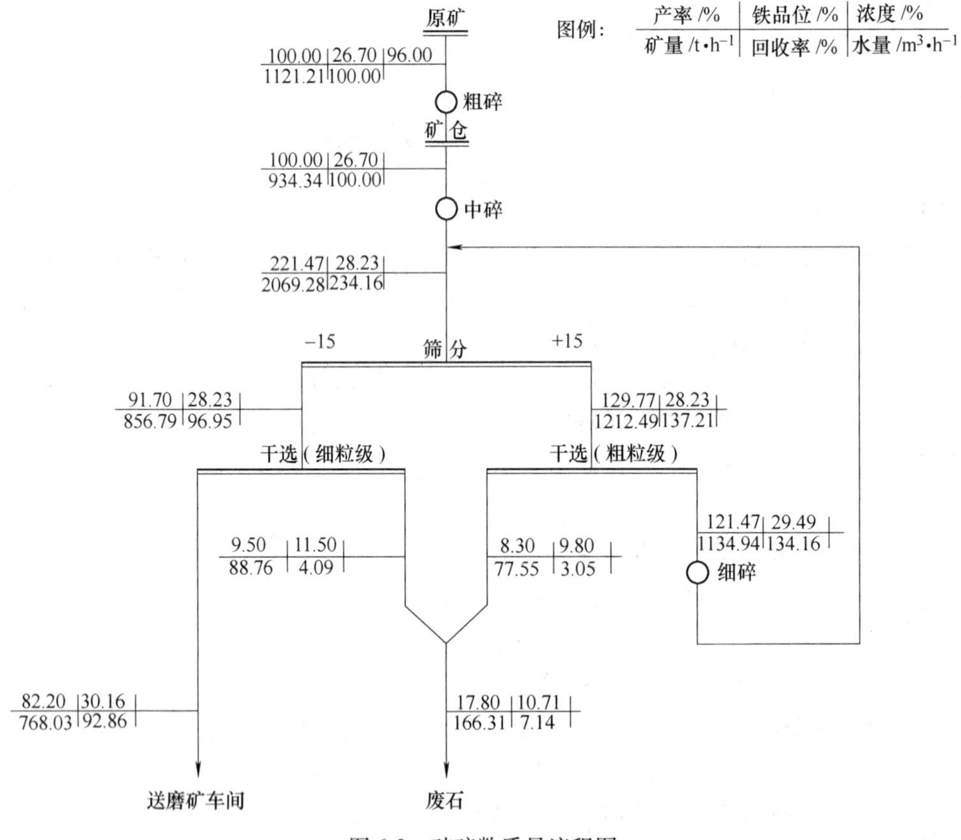

图 6-3　破碎数质量流程图

（引自板石矿数据）

6.3 磨矿流程的计算

6.3.1 磨矿流程计算所需原始资料

（1）磨矿车间的处理能力。凡集中磨矿流程的磨矿车间处理能力一般为原矿处理量（t/d 或 t/h）。如果为阶段选别流程、联合流程的选矿厂，磨矿的生产能力则是流程中实际进入磨矿的矿量。

（2）确定的磨矿细度。一般为试验单位推荐的最佳磨矿细度。

（3）确定最合适的循环负荷 C，一般应采用类似选矿厂的实际资料，还必须用磨矿机允许的最大通过量进行校核，即磨矿机单位容积的小时通过量（新给矿+返砂）不得大于 $12t/(m^3 \cdot h)$。

（4）确定磨矿机给矿、分级溢流和返砂中计算级别的含量。一般均应采用现场或类似选矿厂的实际考察资料。不能笼统从《选矿厂设计》等书中查找。

（5）两段磨矿机单位生产能力之比值 k。可通过对类似生产选矿厂两段磨矿机能力的计算验证 $k = 0.8 \sim 0.85$。

（6）两段磨矿机容积之比值 m。两段一闭路时 $m = 2$ 或 $m = 3$，两段全闭路时 $m = 1$。

计算过程中，须明确以下几个概念：一是磨机给矿量，对入磨原矿的一段磨机，指磨机新给矿量（注意仅为原矿量，不含分级返砂）；对二段等磨矿指预先分级机的返砂，如果是预先检查分级，需要拆分为等效流程，计算预先分级产生的沉砂量。二是磨机给矿粒度，指新给矿量的粒度。三是磨矿粒度，有检查分级（含预先检查分级）的指配合磨机的分级机溢流粒度，有控制分级的指控制分级的溢流粒度，没有检查分级的磨矿指磨机排矿粒度。

6.3.2 磨矿流程的计算

可参照教材中常用磨矿流程的计算步骤，与破碎流程计算一样，计算出各产物的重量 Q(t/h)、产率 γ(%)，以供磨矿和分级设备进行选择与计算；同时为矿浆流程计算提供基础资料（可单独或与选别流程计算放在一处）。

6.3.2.1 磨矿流程计算注意的问题

（1）循环负荷（返砂比，C）的选取，应综合设计手册与同类矿石生产实践的数据选取。

（2）预先与检查分级合一的磨矿流程应拆分成既有预先分级又有检查分级的等效流程进行计算。

（3）注意新磨机给矿量并不是给入磨机的矿量，对于一段磨机，新给矿量就是给矿皮带的矿量；对于二段磨矿是预先分级的沉砂，预先检查分级合一的是等效流程中预先分级的沉砂。

（4）需进行单位容积磨机通过量（$\leqslant 12t/(h \cdot m^3)$）校核预先判断。否则设备计算时可能出现单位容积磨机通过量不合适，可重新调整磨矿流程参数，重新计算磨矿流程。

6.3.2.2 磨机小时处理量计算

磨矿流程的计算与破碎流程存在作业率不同的工艺衔接问题，磨机作业率大于破碎设备作业率，因此磨机小时处理量（也是磨矿车间处理量）应重新按破碎产物年产量计算：

$$Q_h = \frac{\text{破碎产品年产量}}{\text{年日历小时} \times \text{磨机作业率}} \tag{6-10}$$

注意：如果破碎流程未按干矿量计算，则式（6-10）中需要再乘以（1 - 含水率）。再根据具体磨矿流程形式计算各产物矿量、产率。

6.3.2.3 *磨矿流程计算方法与步骤*

磨矿流程的计算，首先确定分级产物的某一特定粒级（如-0.074mm）的含量 β，再确定分级沉砂的循环负荷（返砂比，C），因流程不同计算复杂程度不同。

（1）带有一段检查分级作业的一段磨矿流程如图6-4所示。计算步骤为：

$$Q_4 = Q_1$$

$$Q_5 = CQ_1 \quad (C\text{的确定见设计手册})$$

$$Q_2 = Q_3 = Q_1 + Q_5$$

$$r_2 = Q_2/Q_1$$

$$r_5 = Q_5/Q_1$$

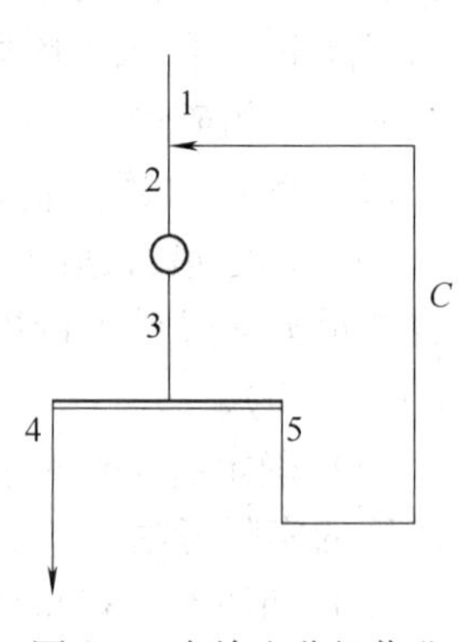

图6-4 有检查分级作业的一段闭路磨矿流程

（2）预先和检查分级分开的一段磨矿流程，如图6-5所示。计算步骤为：

$$Q_8 = Q_1$$

根据第一段分级某特定粒级平衡关系，联立方程组：

$$\begin{cases} Q_1 = Q_2 + Q_3 \\ Q_1\beta_1 = Q_2\beta_2 + Q_3\beta_3 \end{cases}$$

得：

$$Q_2 = Q_1(\beta_1 - \beta_3)/(\beta_2 - \beta_3)$$

$$Q_3 = Q_1 - Q_2$$

$$Q_6 = Q_3$$

$$Q_7 = CQ_3$$

$$Q_4 = Q_3 + Q_7$$

$$Q_5 = Q_4$$

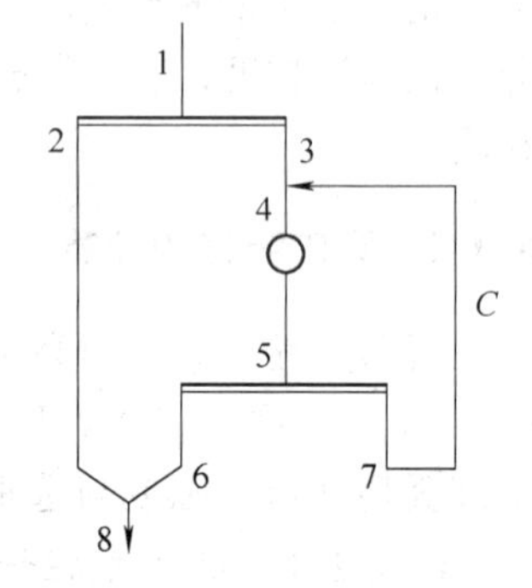

图6-5 预先和检查分级分开的一段磨矿流程

最后分别计算各产物产率：

$$r_i = Q_i/Q_1$$

（3）预先检查分级合一的一段磨矿流程如图6-6所示。利用等效流程计算，将预先检查分级分拆成预先和检查分级然后进行计算，如图6-7所示。计算步骤为：

$$Q_3 = Q_1$$

查表得到 β_4。

预先分级联立方程组：

$$\begin{cases} Q_1 = Q_{3'} + Q_{4'} \\ Q_1\beta_1 = Q_{3'}\beta_3 + Q_{4'}\beta_4 \end{cases}$$

求解得：

$$Q_{4''} = CQ_{4'}$$

$$Q_4 = Q_{4'} + Q_{4''} = Q_4; C' = Q_4/Q_1$$

分别计算各产物产率：

$$r_i = Q_i/Q_1$$

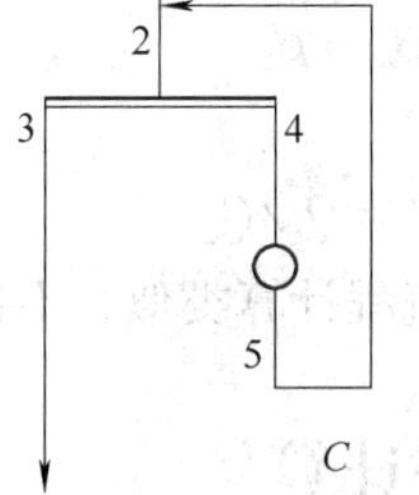
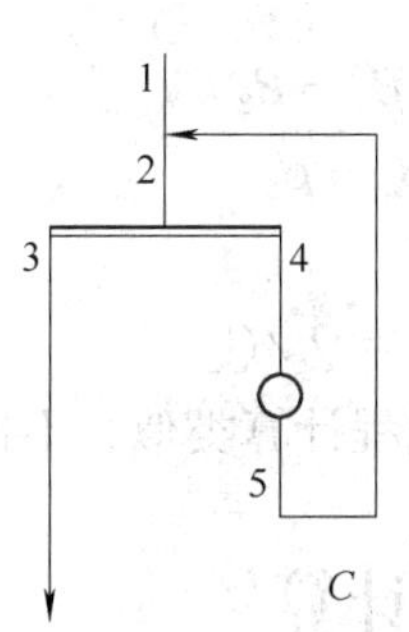

图 6-6 预先和检查分级分开的一段磨矿流程

图 6-7 等效计算流程

（4）两段流程计算。与单元流程略有不同，需先解决第一段磨矿粒度（即第一段分级溢流粒度），然后按单元流程计算方法进行计算。

以图 6-8 所示为例，一段开路磨矿与一段带有预先检查分级的闭路磨矿流程组成两段连续磨矿流程。计算步骤如下：

先拆分成等效流程，如图 6-9 所示。由进出口矿量相等得：$Q_4 = Q_2 = Q_1$。

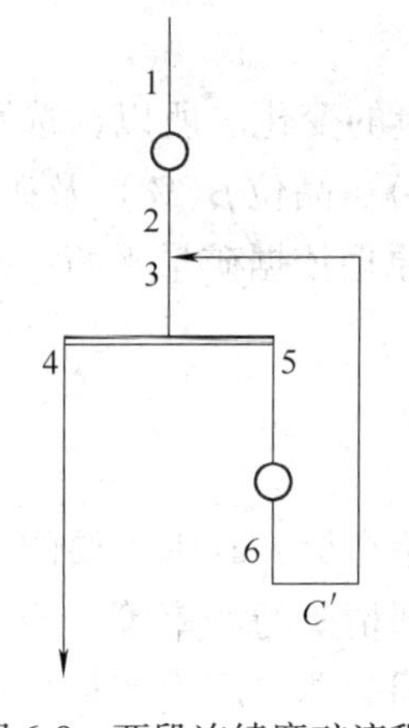

图 6-8 两段连续磨矿流程

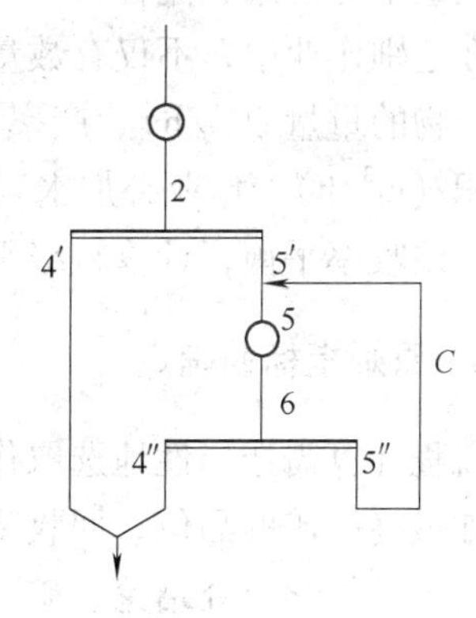

图 6-9 等效计算流程

根据设计的磨矿细度，查表得到沉砂中特定粒级含量 β_5。计算一段磨矿后产物指标 β_2：

$$\beta_2 = \beta_1 + \frac{\beta_4 - \beta_1}{1 + km} \tag{6-11}$$

式中 β_1——给矿中-0.074mm 含量，%；

β_4——二段分级溢流排矿中-0.074mm 含量，%；

k——两段磨矿机单位生产能力比值，粗略计算时，k 取 0.8～0.85；

m——两段磨矿机容积之比，两段均为闭路时 $m = 1$；当一段为开路，第二段为闭

路时 $m=2\sim3$。

利用预先分级作业计算粒级平衡关系，联立方程组：

$$\begin{cases}Q_2=Q_{4'}+Q_{5'}\\Q_2\beta_2=Q_{4'}\beta_4+Q_{5'}\beta_5\end{cases}$$

求解得：

$$Q_{5'}=\frac{Q_2(\beta_4-\beta_2)}{\beta_4-\beta_5}=\frac{Q_1(\beta_4-\beta_2)}{\beta_4-\beta_5}$$

则 $Q_{5''}=CQ_{5'}$（C 查设计手册或参照现场获得）

$$Q_5=Q_{5'}+Q_{5''}=Q_6;\ C'=Q_6/Q_2$$

各产物产率按 $r_i=Q_i/Q_1$ 计算。其他类型磨矿流程计算类似，不再一一举例。

6.4 选别流程计算

选别流程的计算任务是解决各产物的工艺参数，即质量指标（品位、浓度、粒度等）与数量指标（矿量、产率、回收率、水量、矿浆体积等）。选矿厂设计进行流程计算的目的是确定各产物的工艺指标，为选择设备、设备方案比较服务；为生产调试提供各作业参考工艺指标，并实现达标生产，产出合格产品。在生产过程中也常常进行流程考查，并计算数质量矿浆流程，其目的是找出生产中的问题环节或薄弱环节，保证生产效率和充分发挥各作业作用。流程计算完毕要绘制数质量流程图或数质量矿浆流程图（标有各产物的数量和质量指标的选别流程图）。

在选别作业中，不仅有数量的变化，而且有质量的变化。所以，选别流程的计算应包括各产物的重量 Q(t/h)、产率 γ(%)、回收率 ε(%)、品位 β(%) 及矿浆浓度（%）、矿浆体积（m^3/h）、作业补加水（m^3/h）等。计算的原理依据矿量平衡、产率平衡、金属率平衡、回收率平衡，计算粒级平衡、水量平衡等。

6.4.1 原始指标的确定

流程计算需选择性地选取作业工艺参数作为原始指标，其中重要的工艺参数需进行论证，如最终精矿的品位、回收率，中矿循环量，局部精矿的产率等。论证时应结合处理矿石的工艺矿物学研究结论、矿石可选性研究结论、同类选矿厂生产指标等，综合考虑市场或上级公司对产品方案的要求。

计算前应先画出设计的选别流程图，并注意磨矿、选别流程中作业产物的统一编号。计算步骤如下。

6.4.1.1 计算充分而必要的原始指标数量

充分而必要的原始指标数量，按式（6-12）计算：

$$N_p=C(n-a)\tag{6-12}$$

式中 N_p——必要充分的原始指标数；

C——计算成分，$C=1+e$；

n——流程中选别产物总数；

a——流程中选别作业总数；

e——金属种类数。

6.4.1.2 原始指标数的分配及选择

原始指标应选取生产上必须控制的、影响最大的、最稳定的指标，如精矿品位、回收率，中矿产率、品位，分级粒度。具体数值参照可选性试验报告和类似选厂的实际数据。注意工艺指标的先进性与可靠性关系，先进的指标应有据可查，可靠的工艺指标是指生产上得到验证，符合实际生产情况。一般遵循如下原则：

(1) 可以进行现场毕业实习考查，或能找到现场流程考查报告，以选择各作业之精矿、尾矿品位为好。

(2) 根据可选性试验结果，可选取各作业精矿、尾矿品位，或选择各作业精矿回收率作为原始指标（注意作业回收率与流程回收率的换算）。

(3) 最终精矿品位与回收率作为选厂的产品方案指标，是指导生产的重要技术指标，必须作为原始指标。

(4) 一些重要的中矿循环，往往需控制循环量，可选取中矿产率为原始指标。

(5) 复杂流程，多出口最终精矿（≥3）可按可选性报告中的依据，选取其中一个或两个局部精矿产率为原始指标。

6.4.2 计算产物指标

一般先利用流程进出口，即原矿、终精、终尾，通过物料平衡关系求出终精产率、终尾的品位及产率；遇到循环的流程，一般从流程最后的精选、扫选作业逐次向前面的作业计算，联立每一作业产率和金属含量的平衡方程，求出产物的品位或产率。单作业计算是基础，根据物料平衡原理计算如下：

(1) 根据回收率定义式计算：

$$\varepsilon_n = \frac{Q_n\beta_n}{Q_1\beta_1} = \frac{\gamma_n\beta_n}{\beta_1\gamma_1} \tag{6-13}$$

式中 ε_n——产物 n 的流程回收率，%；

β_n——产物 n 的品位，%；

n——产物编号。

(2) 根据品位、产率计算。单作业给矿编号为1，精矿编号为2，尾矿编号为3，根据产率（矿量）平衡和金属率平衡有：

$$\begin{cases}\gamma_1 = \gamma_2 + \gamma_3 \\ \beta_1\gamma_1 = \beta_2\gamma_2 + \beta_3\gamma_3\end{cases}$$

上述两个平衡公式，根据可解性，已知指标为4个即可解出其他未知量。

因选别流程千差万别，计算时思路差别也较大，这里不再举例。

采用计算机编程计算可大大提高流程调试效率。常用计算工具有 BASIC、VB、C 等计算机编程语言，或 Matlab、Excel、FOXPRO 等数据处理工具。

选别流程计算除了利用单作业平衡，有时候需要利用多作业组合的局部流程平衡，一般称做黑箱法，即把局部几个作业用箱体框起来，作为一个大作业，注意观察箱体的进出口产物平衡关系，逐渐积累经验。

流程简化（或黑箱法）有两种方法：一是找局部流程的几个作业组合的入口和出口，简化这部分局部流程为单作业形式，进行计算；二是当局部流程入口指标不详时可暂时设产率为100%，品位为 α，带入计算，一直算到能碰到已知产率与品位的产物为止，再回推计算。

最后，按 $\varepsilon_i=\gamma_i\beta_i/\beta_1$ 计算各产物的回收率，并利用合并产物进行校核计算。按 $\beta_i=\beta_1\cdot\varepsilon_i/\gamma_i$ 计算各产物未知的品位。按 $Q_i=Q_1\gamma_i$ 计算各产物的重量。

6.4.3　流程中的分级或筛分作业计算

先确定分级（细筛）作业各个产物计算级别的粒度及设计的分级（细筛）效率进行计算。计算级别的粒度一般采用-0.074mm粒级，根据分级量效率 $E(\%)$ 计算公式按粒度平衡计算：

$$\gamma_\beta=Ed_\alpha\gamma_\alpha/d_\beta \tag{6-14}$$

式中　γ_β——沉砂或筛下产品的产率，%；

E——分级效率或筛分量效率，%；

d_α——给矿中计算级别粒度的含量，%；

γ_α——给矿的流程产率，%；

d_β——沉砂或筛下中计算级别粒度的含量，%。

完成产率关系计算后，还要计算产物品位，产物品位按计算粒级的计算产率结果，通过金属率平衡分配平衡关系计算。一般分级沉砂品位高于给矿品位，溢流品位低于给矿品位；细筛筛下高于给矿品位，筛上品位低于给矿品位。

6.4.4　指标检验

计算完成后需检验指标是否合理，即设计指标是否符合矿石可选性研究结论及生产实际情况。应重点检查：原矿品位、终精品位与回收率的合理性；各作业尾矿品位、产率的合理性，终尾指标的合理性；各作业精矿指标的合理性；中矿循环量的合理性。

6.4.5　绘制选别数质量流程图

将上述计算结果，按产物编号分别填在流程图上，各作业、产物、引线的位置适当，形成选别数质量流程图。注意指标间只能用分号或竖线分隔，右上角附图例说明。

6.5　矿浆流程计算

选别流程计算完成后，利用流程中各产物的重量 Q_n(t/h)、液固比，计算出包括磨矿、选别作业等各产物的水量 W_n(m^3/h)，作业补加水量 L_N(m^3/h)，作业或产物的矿浆体积 V_n(m^3/h)，原矿计单位耗水量 W_g(m^3/t)、环水（中水）利用率，新水添加量等指标。为供水、排水、脱水、扬送和分级的设计计算，设备选择提供依据。

6.5.1　产物浓度选取原则

基本原则为选取最稳定、必须控制的产物指标。

（1）必须保证的浓度。维持正常生产，必须保证的作业和产物的浓度。如磨矿和选别作业、机械分级机或水力旋流器的溢流浓度。

（2）不可调节的浓度。含水量稳定的产物浓度，如原矿、分级机和旋流器返砂、浮选选别作业泡沫产品、重选精矿、磁选精矿。

（3）必保的补加水，如磨矿、浮选、湿式磁选、某些重选作业以及过滤、干燥等。

注意：

（1）一般扫选作业浓度、选别作业的尾矿浓度不能作为原始指标。

（2）精选作业浓度低于粗选，且逐级降低；精矿浓度逐级升高。

（3）产物或作业浓度选取参考指标见表6-1。

表6-1　产物或作业浓度

作业及产物名称	作业浓度/%	产物浓度/%
棒磨机、球磨机磨矿：	65~80	
分级机溢流：0.3mm以下		28~50
0.2mm以下		25~45
0.15mm以下		20~35
0.10mm以下		15~30
螺旋分级机返砂：		80~85
水力旋流器：		
φ500mm：给矿（分离粒度-0.074mm）		15~20
沉砂		50~75
φ250mm：给矿（分离粒度-0.037mm）		10~15
沉砂		40~60
φ125mm：给矿（分离粒度-0.019mm）		5~10
沉砂		35~50
φ75mm：给矿（分离粒度-0.010mm）		3~8
沉砂		30~50
浮选：		
粗选作业	25~45	
精选作业	10~25	
扫选作业	20~35	
粗选精矿		20~50
扫选精矿		20~35
精选精矿		30~50
跳汰作业：给矿	15~30	
精矿		30~50
摇床：给矿	25~30	
精矿		40~60
中矿		30~45
水力分级作业：给矿	30~50	
沉砂		20~50
离心选矿机给矿	15~25	

续表 6-1

作业及产物名称	作业浓度/%	产物浓度/%
磁选机：给矿	15~20	
精矿		50~70
磁力脱水槽：给矿	20~35	
精矿		50~70
浓缩机：给矿	15~35	
排矿		45~70
过滤机：给矿	50~70	
排矿		85~90
浸出作业	30~50	

6.5.2 矿浆流程计算步骤

（1）根据选矿试验资料和类似选矿厂的生产资料，确定各作业、产物最合适的浓度 C_i、各作业补加水的单位定额；注意并不是所有产物或作业都需要确定浓度，有些产物或作业浓度是可以通过已知量计算出来的，如果选取为已知浓度，则水量计算难以平衡。

（2）根据上述浓度，按式（6-15）计算出各作业和产物的液固化；注意液固比计算值要求精确到4位有效数字。

液固比与质量百分数浓度换算公式：

$$R_i = (100 - C_i)/C_i \tag{6-15}$$

（3）按式（6-16）计算出各作业，各产物的水量；计算未知的作业或产物的浓度。

产物水量计算公式：

$$W_i = Q_i R_i \tag{6-16}$$

（4）按各作业水量平衡计算作业补加水 L_N，可用作业产品水量之和减去进料水量之和计算，如果知道作业水量 $W_{作业N}$，可用作业水量减去进料水量计算，即：

$$L_N = W_{作业N} - W_i \tag{6-17}$$

（5）按式（6-18）计算出各作业的矿浆体积 V_i：

$$V_i = Q_i(R_i + 1/\rho) \tag{6-18}$$

计算矿浆体积时，须注意产物的密度 ρ 随品位不同而变化，在没有资料的情况下可带入原矿真密度计算；如果有资料，需按品位不同计算不同的产物密度。编者统计研究结果表明，对鞍山地区的石英岩型铁矿石，分选作业中产物密度随品位变化规律如下：

$$\rho = 6280\beta^2 - 551\beta + 2800 \tag{6-19}$$

式中 β——铁品位,%。

设计院通常采用下式计算：

$$\rho = 100/(38.5 - 0.266\beta) \tag{6-20}$$

其他类型铁矿石密度与品位关系可参考使用，或找相关性更好的资料确定。

（6）选矿厂工艺总补加水、水单耗、环水利用率。

工艺总补加水 $\sum L$，即各作业补加水之和：

$$\sum L = \sum L_N \tag{6-21}$$

新水量计算。如果选矿厂利用回水量为 W'，则需补加新水量 $L' = \sum L - W'$；或先设计哪些作业用新水，确定作业新水用量后，再计算出总新水量 L'，用工艺总补加水量 $\sum L$ 减去新水用量 L'，计算出循环水量 $\sum_{环水}$。新水一般用于细筛冲洗、最后一段精选磁选机卸矿、精选作业补加水等场合，有些作业补加水不用全部使用新水，计算新水时可根据该作业需要设定新水比例。

原矿计水单耗 W_g（$m^3/t_{原矿}$）：

$$W_g = \frac{\sum L}{Q_1} \tag{6-22}$$

水单耗通常对原矿来计算，计算水单耗时用工艺补加水总量计算，一般原矿水单耗在 $6.5 \sim 10m^3/t_{原矿}$ 之间，干旱地区、采用节水工艺，水单耗可以控制在低限水平，水资源正常地区水单耗通常在 $8 \sim 10m^3/t_{原矿}$ 之间。一般铁矿选矿厂水单耗在 $9m^3/t_{原矿}$ 左右，新设计选矿厂要求小于 $10m^3/t_{原矿}$。干旱地区水单耗应偏低些，但对湿法选矿很难低于 $7m^3/t_{原矿}$。这些常识可以用来判断工艺指标是否合理。

工艺环水（中水）利用率 η(%)：

$$\eta = \frac{\sum_{环水}}{\sum L} \times 100\% \tag{6-23}$$

对选厂环水利用率，根据国家标准 GB 50612—2010《冶金矿山选矿厂工艺设计规范》要求，新建选矿厂环水利用率应在 92%以上；2010 年国家标准出来前已经建立的选矿厂，要求环水利用率控制在 90%以上。

选矿厂的环水（中水）主要来源于尾矿库回水、过滤水、沉降大井溢流水，可用于磨矿分级、粗选作业、扫选作用等补加水，品质较好的环水（中水）也可用于精选作用。为提高环水（中水）利用率，新水的使用量根据工艺需要尽量少用，部分作业补加水中新水可设计为一定比例，在工艺中，新水的使用是减少环水（中水）对某些精选作业的影响，对整个选矿厂的作用是补充跑冒滴漏、尾矿库蒸发、精矿含水带走的水量，所以控制尾矿库蒸发面积和渗漏有利于提高环水（中水）利用率。

（7）计算选矿厂总用水量，考虑选矿厂冲洗地板、设备、冷却设备等用水量一般为工艺过程耗水量的 10%～15%，故选厂总耗水量 $\sum L_0$(m^3/h) 为：

$$\sum L_0 = (1.1\% \sim 1.15\%) \sum L \tag{6-24}$$

计算完成后需画出数质量矿浆流程图。同样，将上述计算的 R_i、W_i、V_i、L_N 等数值填在数质量选别流程作业产物引线的恰当位置，再加上品位、回收率、矿量等指标，则称为数质量矿浆量流程图。流程图中要标注工艺总补加水 $\sum L$，注意选厂总耗水量 $\sum L_0$ 不写在流程图上。

计算完成后，要校核数据的一致性和准确性、各作业的水量平衡，用出口水量（作业产物）减去进口（作业进料水量）应严格等于作业补加水。整个流程的水量平衡验算，用流程最终产物水量之和 $\sum W_e$ 减去原矿水量 W_0 计算工艺总补加水，即：

$$\sum L = \sum W_e - W_0 \tag{6-25}$$

两次计算的总工艺补加水相等，水量计算平衡，有时候因为存在累加计算误差，误差小于 $1\times10^{-4}m^3/h$ 即可视为计算平衡了。

6.5.3 脱水流程的选择与计算

（1）根据脱水物料的性质（包括粒度、密度、浓度及物料表面的药剂影响等）、物料脱水的沉降试验、产品溢流水的水质分析、用户对含水率的要求、产品储存和运输方式及当地气候条件对脱水的影响，再综合考虑过滤、干燥作业所能达到的实际效率，确定脱水段数。

（2）产品脱水流程的计算，一般只进行产物的水量计算，并于选别流程下绘出脱水流程。

6.5.4 重力选矿厂数质量矿浆流程的编制说明

编制重力选矿厂数质量矿浆流程时，应注意：

（1）在重选厂特别是钨锡选矿厂，多采用产物大返回的流程，循环返回结构多，试验和生产中容易得出各工序的作业指标（作业回收率或作业产率）。计算时应分别先按作业确定或计算出各作业和产物的相对产率、相对回收率；再根据流程，按工序从上至下将各作业相对指标换算成对原矿的绝对指标（产率 $\gamma(\%)$、回收率 $\varepsilon(\%)$）。但在进行换算时，应先算出中矿返回点混合产物的绝对率（回收率）。特别应首先从流程最下最大的循环点开始，然后再进行其他产物指标的换算。

（2）各类原始指标的选择应是生产中最稳定、影响最大而必须控制的指标，如对得到三种产物的选别作业，除应选择各产物的品位作为原始指标外，还必须选择中矿的产率作为原始指标，因中矿是返回前一作业的循环负荷，对稳定产物指标有重要作用；计算有四种产物的选别作业，一般选择精矿、次精矿的品位和回收率，中矿的产率和尾矿的回收率为原始指标。

（3）对于按粒度进行分离的选矿、脱泥、分级等作业，各产物（沉砂、溢流）在选别过程中随给矿的粒度组成不同而变化，一般看成和品位变化无关。因此，计算时不能按金属平衡关系求各产物的产率，而只能以某一指定粒级（如-0.1mm 粒级或-0.074mm 粒级等）含量的平衡关系求产率。

（4）在计算矿浆流程时，应将各作业的单位耗水定额加入原始指标中，定额指标以现场收集为主。

6.6 数质量矿浆流程计算实例

6.6.1 数质量矿浆计算

以首钢通钢板石矿为例，主厂房工艺流程计算产物编号如图 6-10 所示。

根据一段磨矿粒度等要求，查设计手册及参考现场生产参数，设计一段磨机循环负荷 C 为 250%，则：

$$r_5 = Cr_1 = 250.00\%$$

$$r_2 = r_3 = r_1 + r_5 = 100.00 + 250.00 = 350.00\%$$

$$r_4 = r_1 = 100.00\%$$

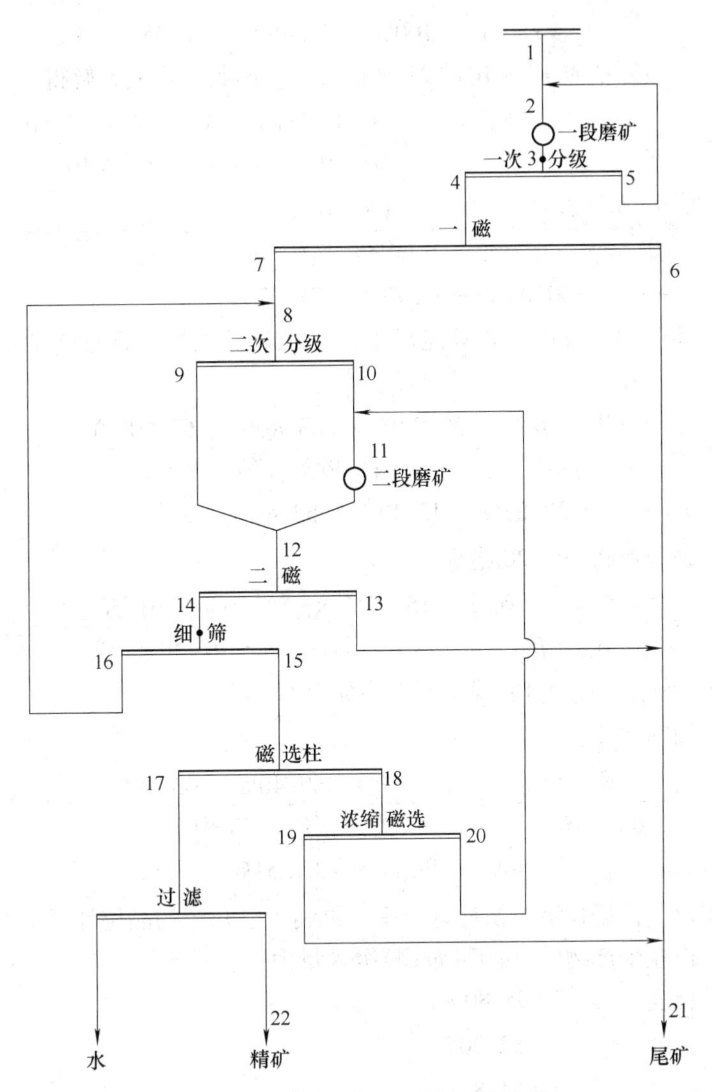

图 6-10　通钢板石矿选矿厂工艺流程

选别过程共有作业 10 个，产物 20 个，则主厂房选别流程的原始指标数：

$$N = C(n - a) = 2 \times (10 - 5) = 10$$

原始指标选取结果如下：

综精铁回收率 $\varepsilon_{17} = 83.40\%$；综精铁品位 $\beta_{17} = 67.50\%$；

一段磁选尾矿铁品位，$\beta_6 = 7.60\%$；一段磁选精矿铁品位 $\beta_7 = 41.00\%$；

细筛筛下铁品位 $\beta_{15} = 63.40\%$；细筛筛上铁品位 $\beta_{17} = 55.00\%$；

磁选柱尾矿铁品位 $\beta_{18} = 53.30\%$；二磁精矿铁品位 $\beta_{14} = 60.40\%$；

浓磁尾矿铁品位 $\beta_{20} = 12.00\%$；浓磁精矿铁品位 $\beta_{19} = 61.50\%$。

根据一磁作业数质量平衡关系得：

$$r_6 = \frac{r_4 \times (\beta_4 - \beta_7)}{\beta_6 - \beta_7} = \frac{100\% \times (30.16\% - 41.0\%)}{7.60\% - 41.0\%} = 32.45\%$$

$$r_7 = r_4 - r_6 = 100\% - 32.45\% = 67.55\%$$

根据原矿 1 与最终精矿 17 及尾矿 21 平衡关系，回收率定义，解得

$$\beta_{21} = \frac{(1-\varepsilon_{17}) \times \beta_1 \times \beta_{17}}{\beta_{17} - \varepsilon_{17} \times \beta_1} = \frac{(1 - 83.40\%) \times 30.16\% \times 67.50\%}{67.50\% - 83.40\% \times 30.16\%} = 7.98\%$$

$$r_{21} = \frac{r_1 \times (\beta_1 - \beta_{17})}{\beta_{21} - \beta_{17}} = \frac{100\% \times (30.16\% - 67.50\%)}{7.98\% - 67.50\%} = 62.73\%$$

$$r_{17} = r_1 - r_{21} = 100.00\% - 62.73\% = 37.27\%$$

存在两处循环产物，故该工艺只能从下往上推算。根据磁选柱作业产物 15、17、18 平衡关系：

$$r_{18} = \frac{r_{17} \times (\beta_{15} - \beta_{17})}{\beta_{18} - \beta_{15}} = \frac{37.27\% \times (63.40\% - 67.50\%)}{53.30\% - 67.50\%} = 15.13\%$$

$$r_{15} = r_{17} + r_{18} = 37.27\% + 15.13\% = 52.40\%$$

计算出浓缩磁选产物 19、20 指标：

$$r_{19} = \frac{r_{18} \times (\beta_{18} - \beta_{20})}{\beta_{19} - \beta_{20}} = \frac{15.13\% \times (53.30\% - 61.50\%)}{12.00\% - 61.50\%} = 2.51\%$$

$$r_{20} = r_{18} - r_{19} = 15.13\% - 2.51\% = 12.62\%$$

再向上计算细筛作业：

$$r_{16} = \frac{r_{15} \times (\beta_{14} - \beta_{15})}{\beta_{16} - \beta_{14}} = \frac{52.40\% \times (60.40\% - 63.40\%)}{55.00\% - 60.40\%} = 29.11\%$$

$$r_{14} = r_{15} + r_{16} = 52.40\% + 29.11\% = 81.51\%$$

二次分级作业，根据粒级平衡计算产率，再利用已知产物品位计算个产物品位。

已知旋流器作业个产物的-0.074mm 粒级含量为：

旋流器给矿粒度：$\beta_8^{-0.074} = 38.80\%$；

旋流器沉砂粒度：$\beta_{10}^{-0.074} = 32.20\%$；

旋流器溢流粒度：$\beta_9^{-0.074} = 51.80\%$。

$$r_8 = r_7 + r_{16} = 67.55\% + 28.41\% = 96.66\%$$

$$r_{10} = \frac{r_8 \times (Z_8 - Z_9)}{Z_{10} - Z_9} = \frac{96.66\% \times (38.80\% - 51.80\%)}{32.20\% - 51.80\%} = 64.11\%$$

$$r_9 = r_8 - r_{10} = 96.66\% - 64.11\% = 32.56\%$$

由产物合成关系得：

$$r_{11} = r_{10} + r_{20} = 64.11\% + 12.62\% = 76.73\%$$

$$r_{12} = r_{11} + r_9 = 76.73\% + 32.56\% = 109.29\%$$

$$r_{13} = r_{12} - r_{14} = 109.29\% - 81.51\% = 27.78\%$$

通过分级作业产物产率及旋流器沉砂铁品位 β_{10}(54.00%)，可计算分级作业其各产物铁品位。回收率与矿量等计算过程略。

计算矿浆流程时，原始指标浓度选取如下：

磁选柱给矿浓度为 33.00%；一磨排矿浓度 80.00%；浓缩磁选给矿浓度 14.50%；一

次分级沉砂浓度 82.00%；一磁精矿浓度 55.00%；细筛给矿浓度 52.00%；浓缩磁选精矿浓度 56.00%；细筛筛上浓度 58.98%；磁选柱精矿浓度 45.00%；一次磁选尾矿浓度 15.41%；原矿浓度 96.00%；二次磁选尾矿浓度 12.62%；二次分级溢流浓度 33.00%。

注意选取浓度指标数量，根据计算需要进行选取，能计算出来的产物浓度决不能选取，否则矿浆流程难以平衡。

计算水量时可列表计算产物液固比 R 和水量 $W(m^3/h)$，计算过程与结果不再赘述。

作业补加水计算：

$$L_{一次磨矿} = W_3 - W_2 = 504.02 - 340.11 = 163.91 m^3/h;$$

$$L_{一次分级} = W_4 + W_5 - W_3 = 1169.50 + 316.11 - 504.02 = 981.59 m^3/h$$

一磁作业补加水：

$$L_{一磁} = W_7 + W_6 - W_4 = 318.38 + 1025.67 - 1169.50 = 174.55 m^3/h;$$

⋮

工艺总补加水：

$$\begin{aligned}\sum L &= L_{一次磨矿} + L_{一次分级} + L_{一磁} + L_{二次分级} + L_{二次磨矿} + L_{二磁} + L_{细筛} + L_{磁选柱} \\ &= 163.91 + 981.59 + 174.55 + 318.72 + 2.19 + 728.20 + 296.0 + 163.32 + 0.01 \\ &= 2828.49 m^3/h\end{aligned}$$

其他计算过程略。

6.6.2 数质量矿浆流程绘制

利用计算结果绘制数质量矿浆流程图，样例如图 6-11 所示（样例取自某届毕业生，产物指标与计算例中数据无关）。

6.6.3 平衡校核

通过对比两种计算思路的计算结果判断平衡关系。一是校核单作业平衡，用作业产物关系；二是流程整体判断，在上下两个计算思路的结合处，或有两种算法的地方，如果计算结果一致，一般整个工艺计算就没有问题。也可以通过有循环的作业进行校核，产率和品位往往是计算过程中通过上下作业计算获得，而回收率则是用产率与品位计算求得，这样检验回收率上下作业关系，就可以判断计算是否平衡。

水量平衡用出口产物的水量之和减去进口原矿水量与总工艺补加水进行对比，计算机计算时，两者相差小于 $10^{-4} m^3/h$ 即平衡，否则一定是指标选取不合理或哪里计算出了问题。

例 6-1 产物 6 的产率，由产物 4 产率减去产物 7 产率计算得：

$$100.00\% - 47.07\% = 52.93\%$$

对比产物 8 产率减去产物 15 产率：

$$105.90\% - 52.97\% = 52.93\%$$

两种计算路径结果一致，说明产率计算平衡。同理再验证回收率，以确保流程计算没有问题。计算平衡只说明计算思路和结果正确，不代表指标都合理，尤其是对那些非原始指标，要仔细核对是否合理。

例 6-2 样例图中精矿水量为 168.12m³/h，综尾水量为 3831.89m³/h，原矿含水为

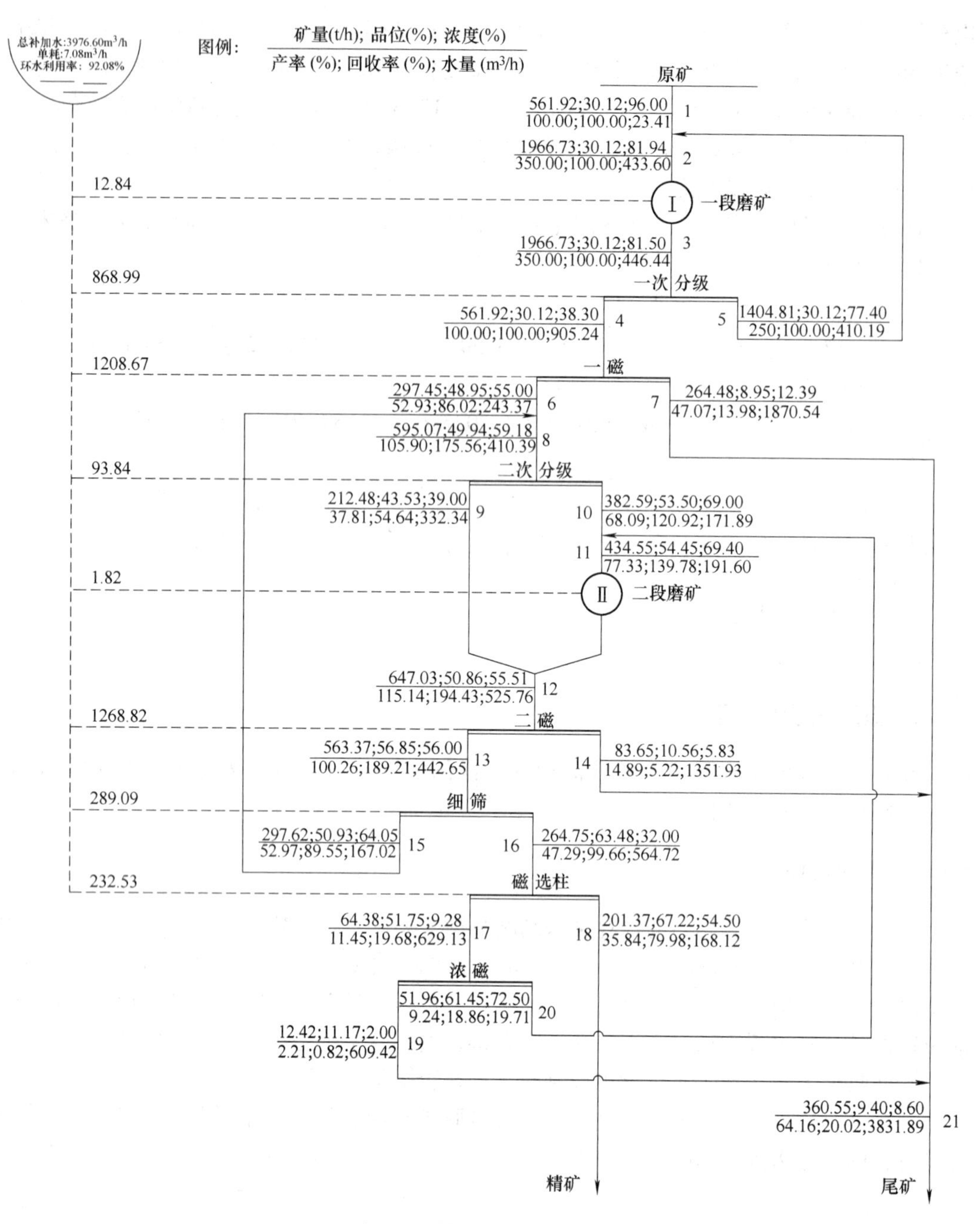

图 6-11　数质量矿浆流程图

$23.41m^3/h$，则工艺总补加水为：

$$\sum L = 168.12 + 3831.89 - 23.41 = 3976.60m^3/h$$

与各作业补加水之和相等，水量计算平衡，说明矿浆流程计算正确。但这不代表矿浆流程完全没有问题，例如样例中看不到二段磨矿浓度，应该在二段排矿再设计一个产物编号，并标注指标；再如磁选柱给矿浓度偏低、细筛补加水偏多等。

设备与设施的选择计算

7.1 设计任务与内容

7.1.1 设计任务

在完成工艺流程计算基础上，开展设备选型与数量的计算。选择设备时，只需选出设备形式和尺寸（型号和规格），并计算台数及进行组数或系列数分配。

设备是为实现工艺服务的，所以设备选型要符合工艺要求，这样在生产时才能实现设计的工艺指标。

选矿厂设备分为主要设备和辅助设备。在工艺中起到加工物料的作用，能够改变矿石主要性质（如粒度，浓度，品位，主要物理、化学性质）的加工作业所用的设备为主要设备，如改变粒度的破碎机，富集有用矿物、改变产物品位的选别设备，改变浓度的浓缩机等为主要设备。运输、储存、分配、吊装等不改变物料主要性质的作业用设备为辅助设备。

主要设备包括破碎机、筛分机、磨矿机、分级机、浮选机、跳汰机、摇床、磁选机、浓缩机、过滤机和干燥机等。

辅助设备包括胶带运输机、砂泵、给矿机（给料机）、卸料机（卸料车）、分矿设备、起重机、加球机、润滑站、药剂调制装置、加药装置、矿浆调节槽等，充磁器、脱磁器等虽然改变物料性质，但不是主要性质，也归类于辅助设备。

除了设备，选矿厂还要设计若干辅助设施。在毕业设计中，选矿厂的辅助设施，如原矿仓、中矿仓、露天储矿仓、精矿仓、钢球仓、药剂储罐等，往往也与辅助设备放在一章，即辅助设备与设施的选择计算。

选矿厂主要工艺设备选择与计算应遵循以下规定：

（1）选别作业矿量波动系数。对一般浮选作业为1.05~1.1；混合浮选和精选作业为1.2~1.5；重选作业为1.1~1.15；重选流程中的中矿和精矿为1.5~2.0。

（2）计算主要工艺设备能力时，应校核负荷率。破碎工艺部分的设备负荷率一般较低，一般粗破碎负荷率在55%~65%，中碎设备负荷率在60%~75%，细碎负荷率65%~80%，磨选设备负荷率一般较高，如磨矿机一般要求负荷率在90%以上。磨机还需校核通过率，分级机需校核返砂能力、分级粒度或分离粒度等。

（3）三班工作制的选矿厂，其主要设备作业率和作业时间应符合有关规定。

（4）设备处理量应通过计算，并参照类似企业实际生产定额设备类型，规格应相同。

（5）选矿厂前后工序的设备负荷率应比较均衡，同一工序的设备类型、规格应相同。

（6）选矿厂的大型生产设备价格高昂，不应整机备用。

（7）主要工艺设备的形式与规格，应与矿石性质、选厂规格适应，并应符合大规格、少系列、高效、节能耐用以及备品备件来源可靠的要求，不得选用淘汰产品。

（8）大型设备需多方案比较，择优选取。如破碎机、磨矿机。

（9）单项计算完成应列出设备表，最后还要有全厂的设备汇总表。

（10）设备计算一般选取某种单位能力，如破碎机的单位排矿口生产能力，通过公式进行计算。如果查不到这方面资料，可以参照同类矿石生产厂家的同型号设备的实际台时能力，如某些计算公式还不成熟的新型设备。

设备生产能力的计算，主要有以下几种方式：

（1）按理论公式计算：如破碎、分级设备浓缩设备等。

（2）按经验公式计算：如振动筛、螺旋分级机等。

（3）按综合公式计算（半经验公式）：如旋回破碎机等。

（4）按单位负荷计算：如磨机、浮选机、筛分机、过滤机等。

（5）按矿石在设备中的停留时间来计算：浮选机、搅拌槽、浓缩大井等。

（6）按单位耗电定额来计算：磨机、洗矿机等。

（7）按产品目录或手册中所列数据计算。样本中方法选择计算。

7.1.2 设计内容

7.1.2.1 设计说明书

本节内容在毕业设计说明书中为设备选择与计算章节，或分成两章，分别为主要设备的选择与计算和辅助设备的选择与计算。辅助设备用独立章节叙述比较清晰。

在说明书中对影响工艺作用较大的、投资或经营费用较高的设备需进行多方案的比较与论证，从中选择较适合于工艺的、经济上合理的设备方案。

论证时，主要从工艺上合理的方案中进行技术经济比较。对比投资和经营费用，毕业设计由于学生对设备市场了解较少，可从设备重量与电机容量两个方面进行比较。其中重量代表投资费用，电机容量代表经营费用。

设备选择与计算的一般原则：

（1）工艺要求优先的原则。选定的设备类型、规格、台数应适应选矿厂建设规模，且满足所处理矿石的物理、化学性质和工艺条件，满足用户对产品质量的要求。在相同的经济条件下，选取工艺指标先进的设备。主要定额、参数按有关选矿设计手册选取并计算。主要设备按其生产具体条件考虑不同的波动系数和安全系数。尽量选取定型设备，选择主要设备时重视辅助设备与之相匹配。

（2）可靠性优先原则。主要设备应选用国内外先进可靠、有生产实践成熟经验的产品，操作方便、维护简单、备品备件容易获得。

（3）规模适应性原则。根据规模，大型选矿厂尽量选择大型设备，减少设备台套数量和系列数，以节约占地面积、节约投资、降低经营费用、提高劳动生产率，便于管理和自动控制，也具有规模效益。

（4）节能环保优先原则。选择符合国家绿色环保政策的设备，要求节能、环保、效率高。选择对环境产生影响较小的设备，如产生噪声、粉尘、废气、废水、废渣低的设备，燃油、润滑油等消耗辅料少的设备。

（5）自动化程度高优先原则。智能化、自动化、无人化是未来选矿厂的发展方向。

（6）先进性优先原则。技术进步日新月异，选择设备时可考虑对新设备的大胆使用，但要注意以科学、完备的试验及论证为提前。

（7）同类型设备同规格原则。统一规格便于备品备件的互换，减少备品备件的储存量，便于维护管理。所选设备应利于采购，备品备件供应渠道畅通，以保证设备的完好率和全厂的作业率。

（8）与建厂当地经济文化相适应原则。对于经济文化相对落后地区，土地价值较低，厂房面积可相对设计的较大，考虑投资省、操作人员相对文化素质较低等因素，可选择质优价廉、便于操作维护的设备，如采用螺旋分级机而不是水力旋流器，人工控制给水、加药等。在经济发达地区，寸土寸金，操作人员文化素质高，要选择相对效率高、自动化程度高、精细小巧的设备，如在线品位仪、水力旋流器、深锥浓密机、自动加球机、自动加药机、粒度和浓度自动控制装置等。

7.1.2.2 注意的问题

（1）设备备用率。价格低、影响大的一般要考虑备用，按国家标准 GB 50612—2010《冶金矿山选矿厂工艺设计规范》，破碎工艺中的振动筛，大于等于 4 台时，备用 25%；过滤机备用 25%；砂泵、水泵、水力旋流器按 50%～100%备用。台数较少时按 100%备用，台数较多时按 50%备用，总台数要兼顾系列数量和分组数量。其他设备不备用，但考虑系列配置，选取数量时可以略大于计算台数。

（2）生产系列数量。与设备大型化相关，设备越大，系列数越少，当前设计趋势是尽量减少系列数，便于管理和自动化控制，同时有利于减低基建和生产费用。但要注意设备的作业率，作业率较高的设备，建议系列数不少于 2 个。一般选矿厂主厂房系列数为 2～6 个为宜。

（3）参数选取的合理性。毕业设计中，同学们常犯的错误是参数选取不符合实际，不知道从哪里查到一个参数就用上了，一定要结合设计矿石的性质、工艺要求来选取。如有的同学精矿回收率选取较高，导致终尾矿品位非常低，生产实际中根本控制不了这么低；再如浓缩机的单位面积生产能力（固体通过量），全厂用一个参数，实际精矿浓缩机的应比尾矿浓缩机的大得多。

（4）负荷率不能作为设备方案对比的充分依据。很多同学用负荷率的高低来判断设备方案的优劣，这是没有道理的，负荷率只是反映设备能力是否被充分利用。不同设备对负荷率要求也不一样，如破碎机的负荷率不能太高，一般粗破作业率较低（55%～65%），中破作业次之（60%～75%），细破作业稍高（65%～80%），主厂房的球磨机、选别设备等要求负荷率大于 90%。对规范里没有设备负荷率强制要求标准的，在一般常识范围附近即可。注意磨机及选别设备的负荷率不能大于 100%，新设计选矿厂不能设计为设备超负荷工作状态。

（5）注意格式的规范性，把核心公式放在最前面，在解释式中字母意义时再计算各参数值。

（6）注意数据的一致性，设备计算依据的处理能力要与流程计算一致。

（7）破碎设备排矿口 e，指最小排矿口（或紧边排矿口）。由于计算旋回破碎机与颚式破碎机的排矿口 e 时，所用最大粒子系数 Z 不同，因此两者最小排矿口 e 也不相同，不能混淆。

7.2 破碎筛分设备的选择与计算

7.2.1 破碎筛分设备的选择细则

（1）破碎设备选择的影响因素有物理性质、矿石硬度、矿石可碎性、给矿最大粒度、含水率、含泥率等，工艺上的能力、粒度要求、配置要求。给矿口 $B \geqslant D_{max}/0.85$，或 $D_{max} \leqslant 0.85B$。

铁矿石选矿厂粗碎设备通常为颚式破碎机、旋回破碎机等，中细碎设备选择圆锥破碎机（标准型、中型、短头型）、高压辊磨机等。

生产能力的影响因素主要为物料硬度、密度、粒度、湿度、黏性等。

（2）大型选矿厂处理硬度较大矿石，粗碎选用大型旋回破碎机，最终破碎产品粒度要求小于 12.00mm 时，中细碎可选用单缸液压圆锥破碎机。

（3）选用给料口大于 1200mm 的大型旋回破碎机，宜按双侧受矿配置；大块多时，可在受料仓上部设置大块碎石机。

（4）小型选矿厂破碎产品粒度要求较小，含水含泥少时，宜选用大破碎比的 JC 型深腔颚式破碎机、细碎型颚式破碎机。

（5）中碎前预先筛分作业应选用大振幅的重型振动筛。

（6）脱水、脱介质作业应选用直线振动筛。

（7）中、细破碎作业前，应设置金属探测仪或金属探测仪与除铁装置。

（8）个别大块矿石可设置液压破碎锤。

（9）当振动筛等于或多于 4 台时，应有 25% 备用。

7.2.2 颚式破碎机，旋回破碎机和圆锥破碎机生产能力计算

7.2.2.1 开路破碎

旋回破碎机和圆锥破碎机生产能力按式（7-1）计算：

$$Q_{开} = K_1K_2K_3K_4Q_0 \tag{7-1}$$

式中 $Q_{开}$——在设计条件下破碎机的开路生产能力，t/h；

Q_0——在标准条件下破碎机的生产能力，t/h；

$$Q_0 = q_0 e \tag{7-2}$$

q_0——破碎机在开路破碎排矿口宽度为 1mm 时，破碎标准状态矿石的单位生产能力，t/(mm · h)；

e——破碎机排矿口宽度，mm；

K_1——矿石可碎性系数；

K_2——矿石密度修正系数，按式（7-3）计算：

$$K_2 = \frac{\gamma}{1.6} = \frac{\delta}{2.7} \tag{7-3}$$

γ——设计矿石的松散密度，t/m³；

δ——设计矿石密度，t/m³；

K_3——给矿粒度修正系数，按式（7-4）计算：

$$K_3 = \left(\frac{\alpha_\beta}{\alpha_s}\right)^{0.2} \tag{7-4}$$

α_β——标准条件下给矿最大粒度与粗碎机的给矿口宽度之比；

α_s——设计给矿最大粒度与选用粗碎机给矿口宽度之比，$\alpha_s = \frac{D_{\max}}{B}$；

K_4——给矿水分修正系数。

7.2.2.2　闭路破碎

旋回破碎机和圆锥破碎机生产能力需进行如下修正：

$$Q_{闭} = K_c Q_{开} \tag{7-5}$$

式中　K_c——闭路系数，取值范围为1.15～1.4。

7.2.2.3　计算破碎机台数

$$n = \frac{KQ_i}{Q} \tag{7-6}$$

式中　n——设计需要的设备台数，取整数；

Q_i——流程中需要破碎的矿量，t/h；

Q——计算的所选破碎机的生产能力，t/h；

K——矿量不均匀系数，$K = 1.1 \sim 1.2$。

7.2.2.4　计算设备负荷率

$$\eta = \frac{Q_i}{nQ} \times 100\% \tag{7-7}$$

式中　η——设备负荷率，%。

通常，粗破碎负荷率在55%～65%，中碎负荷率在60%～75%，细碎负荷率65%～80%。不是规范要求，设计时可根据同类选矿厂实践情况突破此范围，但不宜太高，如中碎负荷率80%以上就太高了，实际难以达到。注意粗中细破碎的负荷率应为越来越大的。

7.2.3　筛分设备计算

筛分设备类型的选择的影响因素主要有被筛物料的性质、筛分机的结构、工艺要求。常用的筛分设备：固定筛、滚轴筛、圆筒筛、弧形筛、细筛、振动筛。铁矿石选矿厂常用固定筛、振动筛。

振动筛计算有两种：一是先选定设备再计算台时生产能力；二是计算所需筛分面积。

7.2.3.1　固定筛（格筛、棒条筛）设计

固定筛一般没有标准设备，需按筛分面积要求设计，计算筛分面积 F 的经验公式：

$$F = \frac{Q}{qa} \tag{7-8}$$

式中　F——筛分面积，m²；

a——筛孔尺寸，mm；

q——1mm 筛孔宽单位面积生产能力，t/(mm · m^2)。

再确定筛宽 B 和筛长 L，一般筛宽 B 按给矿最大粒度设计，为 $(2\sim3)D_{max}$，筛长 L 为 2~3 倍筛宽 B。设计时注意取整数。

台数上考虑配置和生产的灵活性，通常选取 2 台。

7.2.3.2 振动筛设计计算

首先确定振动筛规格型号，按单台生产能力或需要的筛分面积进行台数计算。

（1）振动筛生产能力 Q 计算：

$$Q = \psi F\delta q_0 K_1 K_2 K_3 K_4 K_5 K_6 K_7 K_8 \tag{7-9}$$

式中 Q——振动筛的生产能力，t/h；

ψ——振动筛有效筛分面积系数，单层筛或多层筛的上层筛面 $\psi = 0.8 \sim 0.9$；双层筛作业单层筛使用时，下层筛面 $\psi = 0.6 \sim 0.7$；作双层筛使用时，下层筛面 $\psi = 0.6 \sim 0.7$；三层筛的第三层筛面 $\psi = 0.5 \sim 0.6$；

F——单台振动筛几何面积，m^2；

δ——矿石松散密度，t/m^3；

q_0——振动筛单位面积的平均容积生产能力，$m^3/(m^2 \cdot h)$，参见《选矿厂设计》；

K_1——给料中小于筛孔尺寸之半的颗粒含量系数，根据 $0.5a/e$ 查给料的粒度曲线得到 $\beta^{-a/2}$，再查表获得 K_1；

a——筛孔尺寸，mm；

e——给入筛分机的破碎机排矿口，mm；

K_2——给料中大于筛孔尺寸的颗粒含量，%；

K_3——筛分效率系数；

K_4——物料种类及颗粒形状系数；

K_5——物料湿度系数；

K_6——筛分方式系数；

K_7——筛子运动参数系数；

K_8——筛面及筛孔形状系数。

$K_1 \sim K_8$ 取值，参考选矿厂设计手册。

筛分机给料如果由几个产物构成，则需首先计算混合后的给料中小于筛孔之半的粒级含量，如三个产物共同给入筛分机的计算：

$$\beta^{-a/2} = \frac{Q_1\beta_1^{-a/2} + Q_2\beta_2^{-a/2} + Q_3\beta_3^{-a/2}}{Q_0} \tag{7-10}$$

（2）所需振动筛筛分面积，计算公式为：

$$F = \frac{Q}{\psi F\delta q_0 K_1 K_2 K_3 K_4 K_5 K_6 K_7 K_8} \tag{7-11}$$

字母意义同上。

（3）台数计算

$$n = \frac{Q_i}{Q} \quad 或 \quad n = \frac{F}{A} \tag{7-12}$$

式中 Q_i——流程中需要筛分的矿量，t/h；

A——单台筛分机几何面积，m^2。

筛分机计算时，上述两种算法取其一即可。注意，台数大于等于4台时，要求备用25%。

7.3 磨矿分级设备的选择与计算

7.3.1 磨矿分级设备选择细则

磨机类型的选择依据矿石性质、磨机性能、工艺要求。常用设备：棒磨机、格子型球磨机、溢流型球磨机、自磨机、砾磨机。球磨机分为格子型和溢流型两种。格子型又分为短筒型和长筒型。短筒型用于粗磨，长筒型用于较细的磨矿。

（1）粗磨球磨机宜选用格子型，细磨球磨机宜选用溢流型，格子型球磨机单位生产能力比溢流型球磨机高15%左右。产品粒度上限为0.2~0.3mm，常用于第一段磨矿。溢流型球磨机产品较细（一般小于0.2mm），单位容积生产能力低，排矿粒度不均匀，多用于第二段磨矿和中间产品的再磨。粗磨宜选用格子型球磨机，细磨宜选用溢流型球磨机。直径大于3.6m或者长度超过4.5m的球磨机宜选用溢流型。

（2）磨矿作业的分级设备，应与磨矿机形式相适应。螺旋分级机分离粒度大于0.15mm，宜采用高堰式；分级粒度小于0.15mm时，应选用沉没式。小规格自磨机回路，当磨矿细度小时，宜采用螺旋分级机构成闭路。小规格球磨机用于粗磨时，宜采用格子型球磨机配以螺旋分级机机组或采用螺旋分级机附加水力旋流器进行控制分级机组。中等规格球磨机，可采有螺旋分级机或水力旋器机组，大型球磨机（$\phi \times L$3660及其以上）应采用水力旋流器机组分级，排矿端应有除渣设施，旋流器给矿泵应设调速装置。

（3）磨矿回路采用水力旋流器构成闭路时，磨矿机排料端应设置隔粗设施，水力旋流器给矿砂泵规格较大时，应配有变速装置。

（4）磨矿机磨矿产品无特殊要求时，宜采用长筒型磨矿机。

7.3.2 球磨机和棒磨机生产能力计算

常用球磨机和棒磨机生产能力计算方法有：

（1）容积法（磨矿机单位容积处理量计算法）：按原矿或新生成计算级别（一般用-0.074mm）的含量计算磨矿机单位容积的处理量，然后算出磨矿机的处理量。

（2）功耗法（磨矿效率计算法）：按加工1t矿石消耗的功计算磨矿总功耗并由此确定磨矿机型号、规格及台数。

（3）试验法：按半工业试验或工业试验得到的单位处理量或单位功耗，以合理的比例放大求出磨矿机的处理量。

（4）其他方法：总体平衡法、转换系数法。

生产能力的影响因素主要有矿石性质、磨机本身的结构参数、磨矿介质、工艺要求、分级设备的工作效率。

7.3.2.1 一段磨矿机生产能力计算步骤

（1）新生成计算级别（如-0.074mm粒级）的单位容积生产能力q。

铁矿石一段磨矿的 q 值范围一般在 1.2~1.8t/(m³·h)。设计磨矿机的新生成计算级别的单位容积生产能力 q，要参考选取工业性试验或同类选矿厂的磨机实际生产指标，计算参照磨机的新生成计算级别的单位生产能力 q_0，按式（7-13）计算：

$$q_0 = \frac{Q'(\beta_2' - \beta_1')}{V'} \tag{7-13}$$

式中　q_0——现场生产（参照）磨机新生成计算级别容积生产能力，t/(m³·h)；

Q'——现场生产磨机生产能力，t/h；

β_1'——现场生产磨机给矿中小于计算级别的含量,%；

β_2'——现场生产磨机产品中小于计算级别的含量,%；

V'——参考生产磨机的有效容积，m³。

设计磨机的新生成计算级别计的单位容积生产能力 q，按式（7-14）计算：

$$q = K_1K_2K_3K_4q_0 \tag{7-14}$$

式中　K_1——被磨矿石的磨矿难易度系数；

K_2——磨机直径核正系数，可用式（7-15）计算：

$$K_2 = \left(\frac{D - 2b}{D' - 2b'}\right)^{0.5} \tag{7-15}$$

D'——现场生产磨矿机直径，m；

D——设计磨矿机直径，m；

b'——现场生产磨矿机衬板厚度，m；

b——设计磨矿机衬板厚度，m；

K_3——设计磨机型式校正系数；

K_4——设计与现场生产磨矿机给矿粒度、产品粒度差异系数，可近似按式（7-16）计算：

$$K_4 = \frac{m}{m'} \tag{7-16}$$

m——设计磨矿机按新生成计算级别计的不同给矿粒度、产品粒度条件下的相对生产能力；

m'——参考生产磨矿机按新生成计算级别计的不同给矿粒度条件下的相对生产能力。

（2）计算设计磨机台时生产能力 Q(t/h)：

$$Q = \frac{Q_1q}{\beta_2 - \beta_1} \tag{7-17}$$

式中　β_1——设计磨矿机给矿中小于计算级别的含量；

β_2——设计磨矿机排矿中小于计算级别的含量，即要求的磨矿细度，由选矿实验决定。

（3）磨机台数的计算按式（7-18）：

$$n = Q_i/Q \tag{7-18}$$

式中　Q_i——设计流程中需要的给矿量，t/h。

7.3.2.2 两段磨矿的磨机台数计算

(1) 一次计算法。适用于第一段磨机的产物没有特定要求的两段连续闭路磨矿流程。计算步骤如下：

1) 首先计算两段磨矿机所需的总容积 $V_{总}$ (m^3)：

$$V_{总} = \frac{Q_i(\beta_3 - \beta_1)}{q_{平均}} \tag{7-19}$$

式中 $q_{平均}$——两段磨矿按新形成计算级别的平均单位生产能力，t/(m^3·h)；如收集 q 值是一段磨矿的，则：

$$q_{平均} = K_1K_2K_3K_4q'K_5 \tag{7-20}$$

q'——现场生产（参照）一段磨机新生成计算级别容积生产能力，t/(m^3·h)；

K_5——由一段磨矿改为两段磨矿的修正系数，一般 $K_5 = 1.05 \sim 1.10$；

β_3，β_1——分别为设计磨机给矿中-0.074mm 含量和其产品中-0.074mm 含量，%。

2) 两段磨矿的容积分配。两段磨机类型一样时，当一段开路、二段为闭路时，两段磨机有效容积比 $m(V_2/V_1)$ 取 2~3，当两段磨矿全为闭路时 m 取 1。

当一段为格子型，二段为溢流型时采用式（7-21）分配容积比：

$$V_{总} = V_1k\left(\frac{D_1 - 0.15}{D_2 - 0.15}\right)^{0.15} + V_2 \tag{7-21}$$

式中 k——磨机形式差别系数，将第一段格子型磨机折算为溢流型球磨时 $k = 1.1 \sim 1.15$。

当一段为开路棒磨，第二段为闭路球磨时，两段磨机容积比为：

$$m(V_2/V_1) \geqslant 1.5 \sim 2.0$$

在一定范围内 $m(V_2/V_1)$ 的比值愈大，磨矿机组的工作效率愈高。同时，棒磨机的处理能力也相应增加。

3) 计算每段所需台数和规格。根据上述所得的 V_2 和 V_1 即可得第一段和第二段磨矿机所需台数：

$$n_1 = V_2/V_1',\ n_2 = V_2/V_2' \tag{7-22}$$

式中 V_1'，V_2'——分别为选用的第一段和第二段磨矿机单台有效容积，m^3。

注：为了控制第一段，第二段磨机负荷和粒度不均匀性往往需要计算出第一段磨矿产品的粒度：

$$\beta_2 = \beta_1 + \frac{\beta_3 - \beta_1}{1 + km} \tag{7-23}$$

式中 β_1——给矿中-0.074mm 含量，%；

β_3——二段分级溢流排矿中-0.074mm 含量，%；

k——两段磨矿机单位生产能力比值，粗略时 k 取 0.8~0.85；

m——两段磨矿机容积之比，两段均为闭路时 $m=1$；当一段为开路，第二段为闭路时 $m=2\sim3$。

(2) 分段计算法。适用于矿石泥化能力较大；阶段磨矿、阶段选别的磨矿流程，选别作业对第一段磨矿粒度有特定要求；也可用于连续磨矿流程，两段磨机分开单独计算（第一段开路）。计算步骤如下：

1）选定 q_1，q_2（通过试验或参考类似选矿厂的生产指标确定）。

2）确定各段磨矿产品中小于计算级别的含量 β_2 和 β_3。

3）按设计流程中的给矿量 Q_0 计算各段磨机的有效容积：

$$V_1 = Q_0(\beta_2 - \beta_1)/q_1 \tag{7-24}$$

$$V_2 = Q_0(\beta_3 - \beta_2)/q_2 \tag{7-25}$$

式中 β_1——磨机新给矿中-0.074mm 含量，%；

β_2——一段分级溢流中-0.074mm 含量，%；

β_3——二段分级溢流排矿中-0.074mm 含量，%。

4）计算各段磨机的台数。磨机台数计算同式（7-22）。

也可以先计算每段磨机的处理能力：

$$Q_1 = \frac{q_1 V_1}{\beta_2 - \beta_1}, Q_2 = \frac{q_2 V_2}{\beta_3 - \beta_2} \tag{7-26}$$

台数计算不再赘述。

7.3.2.3 再磨作业磨机计算

计算公式：

$$V_b = \gamma_b(V_2 - V_1) \tag{7-27}$$

式中 V_b——再磨所需要的磨矿机容积，m^3；

V_1——把原矿全部磨到再磨前的磨矿产品粒度时需要的磨矿机容积，m^3；

V_2——把原矿全部磨到再磨后的磨矿产品粒度时需要的磨矿机容积，m^3；

γ_b——再磨的矿石量占原矿量的质量百分数（即再磨量产率）。

说明：当 γ_b很大时，计算结果误差较小；当 γ_b不大时，计算结果误差较大。

7.3.2.4 自磨机和砾磨机的计算按类比计算法

自磨机生产能力：

$$Q = Q_1 \left(\frac{D}{D_1}\right)^k \frac{L}{L_1} \tag{7-28}$$

式中 Q——设计自磨机生产能力，t/h；

Q_1——参考现场自磨机的生产能力，t/h；

D，D_1——设计磨机和参考磨机直径，m；

L，L_1——设计磨机和参考磨机筒长，m；

k——直径指数，长径比小时，取 2.6，大时取 2.5，干式自磨取 2.5~3.1。

砾磨机生产能力：

$$Q = Q_b \left(\frac{D_p}{D_b}\right)^{2.5 \sim 2.6} \frac{L_p}{L_b} \frac{\delta_{砾石}}{7.8} \tag{7-29}$$

式中 δ——介质砾石的密度，t/m^3；

Q、D、L 意义同式（7-27）。

7.3.2.5 负荷率与通过能力校核

磨矿机负荷系数（η）的计算：

$$\eta = \frac{Q_1}{nQ} \tag{7-30}$$

通常磨机负荷率要求 90%以上，至少接近 90%。

磨机通过能力计算：

$$T = \frac{Q_i(1 + C)}{nV_{有}} \tag{7-31}$$

式中 T——磨机通过率，t/(m³·h)；

Q_i——磨机新给矿量，t/h。

球磨机通过能力要求不大于 12t/(m³·h)，棒磨机一般为 8~10t/(m³·h)。

7.3.3 分级设备计算

7.3.3.1 螺旋分级机计算

螺旋分级机工作可靠、操作简单、易于控制溢流粒度、返砂浓度高，但外形尺寸较大、占地面积大、设备投资高，在文化经济较为落后地区使用广泛。随着磨机的大型化，螺旋分级机大型化困难，目前螺旋分级机最大直径只有 3m 的，只能与直径 3.2m 以下磨机配置。在设计时根据已规定磨机的生产能力求分级机的螺旋直径，可采用下式计算：

（1）高堰式螺旋分级机：

$$D = -0.08 + 0.103\sqrt{\frac{24Q}{mk_1k_2}} \tag{7-32}$$

（2）沉没式螺旋分级机：

$$D = -0.07 + 0.115\sqrt{\frac{24Q}{mk_1k_2'}} \tag{7-33}$$

式中 D——分级机螺旋直径，m；

Q——按溢流中固体计算的处理量，t/h（其值等于与该分级机成闭路的磨矿机的给矿量，即流程中分级溢流矿量除以磨机系列数）；

m——分级机螺旋个数；

k_1——矿石密度校正系数，按式（7-34）计算：

$$k_1 = 1 + 0.5(\delta_2 - \delta_1) \tag{7-34}$$

δ_2——设计的矿石密度，t/m³；

δ_1——标准矿石密度，一般取 2.7t/m³；

k_2，k_2'——分级粒度校正系数，根据溢流产物中最大粒度查设计手册选取。

按计算结果，查手册中设备表选取直径大于等于 D 的分级机。

按返砂中固体的处理量进行校核验算：

$$Q_2 = 135mnk_1D^3/24 \tag{7-35}$$

式中 Q_2——返砂中按固体重量计算的生产能力，t/h；

k_1——矿石密度校正系数；

n——螺旋分级机转数，r/min。

沉砂校核式中的螺旋直径采用选用的分级机螺旋直径，结果与流程中单台分级机的需要沉沙量比较。

也可以根据工艺流程中需要的返砂量计算选取的分级机螺旋所需转数 n：

$$n = \frac{24Q_2}{135mk_1D^3} \tag{7-36}$$

7.3.3.2 水力旋流器计算

水力旋流器作为分级设备结构简单、体积小、生产能力大，与大型磨机配置灵活，相对螺旋分级机价格低，是最为常用的分级设备。其分级溢流粒度与直径成反比关系，与给矿压力成反比关系，选用时需根据磨矿细度要求综合考虑。

计算步骤：

（1）根据分离粒度初步确定水力旋流器直径 D。

（2）根据选定旋流器直径 D(cm)，确定给矿口直径 d_n(cm)，溢流口直径 d_c(cm) 和沉砂口直径 d_h(cm)，按经验关系式计算：

$$d_n = (0.15 \sim 0.2)D \tag{7-37}$$

$$d_c = (0.2 \sim 0.4)D \tag{7-38}$$

$$d_h = (0.3 \sim 0.5)d_c \tag{7-39}$$

$$d_n = (0.7 \sim 0.8)d_c \tag{7-40}$$

一般 $d_h/d_c = 0.3 \sim 0.5$ 时，水力旋流器分级效率较高。

矩形给矿口当量直径 d_n(cm)：

$$d_n = \sqrt{\frac{4bh}{\pi}} \tag{7-41}$$

式中 b——给矿口宽度，cm；

h——给矿口高度，cm。

（3）确定给矿压力 p(MPa)。水力旋流器给矿压力范围通常在 0.05~0.25MPa，或参考分离粒度与进口压力一般关系表选择。

（4）计算出单台水力旋流器矿浆体积处理量、台数。水力旋流器按给矿体积计算的生产能力：

$$V = 3K_\alpha K_D d_n d_c \sqrt{P} \tag{7-42}$$

式中 V——设备按给矿矿浆体积计的处理量（m^3/h）；

K_α——锥角修正系数，20°锥角直接取 1.0，其他需根据式（7-43）计算：

$$K_\alpha = 0.799 + \frac{0.044}{0.0397 + \tan\frac{\alpha}{2}} \tag{7-43}$$

α——水力旋流器锥角，(°)，当 $\alpha = 20°$ 时，$K_\alpha = 1.0$；

k_D——水力旋流器直径修正系数，按式（7-44）计算：

$$K_D = 0.8 + \frac{1.2}{1 + 0.1D} \tag{7-44}$$

D——水力旋流器直径，cm。

台数：

$$n = \frac{V_{给矿体积}}{V_{单台能力}} \tag{7-45}$$

水力旋流器的台数备用率按50%~100%计算，水力旋流器总台数应为磨机台数的整倍数，对应按系列数分组配置。

（5）根据工艺条件及已确定参数校核溢流中最大粒度 d_{95}：

$$d_{95} = 1.5\sqrt{\frac{Dd_c\beta}{d_h k_D P^{0.5}(\delta - \delta_0)}} \tag{7-46}$$

式中 d_{95}——溢流中的最大粒度，μm；

β——作业质量百分数浓度，%；

d_c——水力旋流器溢流口直径，cm；

d_h——水力旋流器沉砂口直径，cm；

P——水力旋流器进口压力，MPa；

δ——矿石密度，t/m³；

δ_0——水的密度，t/m³；

k_D——水力旋流器直径修正系数。

注意：作业质量百分数浓度 β，即旋流器给矿浓度，不是流程图中的磨机排矿浓度，应为稀释后的给矿浓度，所以应按矿浆流程图中的磨机排矿和旋流器作业补加水重新计算，即计算出分级机作业浓度。

计算出的水力旋流器的分级溢流粒度 d_{95} 应小于等于流程设计中的磨矿细度要求。磨矿细度要求见磨矿流程设计与计算，这里注意磨矿细度要求的-0.074mm 粒级含量与磨矿要求细度 d_{max} 的关系，可从设计手册中直接查表获得。

7.4 选别设备的选择与计算

7.4.1 浮选设备选择与计算

7.4.1.1 浮选设备选择一般原则

（1）应依据入选矿石的性质确定浮选机类型。大型、特大型选矿厂的粗、扫选作业，宜联合使用充气机械搅拌式浮选机与机械搅拌自吸式浮选机，既能发挥充气式浮选机大型化的优势，也能通过机械搅拌自吸式浮选机实现矿浆流动（单排浮选机无高差配置）；对于易选或要求充气量不大的矿石，可选用机械搅拌自吸式浮选机，中、小型选矿厂宜选用机械搅拌自吸式浮选机。

（2）浮选厂的粗、扫选作业的浮选机总槽数不宜少于6槽，精选浮选作业的浮选机槽数不宜少于2槽。

（3）设计的浮选时间按工业试验数据确定；无工业试验资料时，设计的浮选时间可按实验数据的1.5~2.5倍选取。

（4）搅拌槽结构应与选用目的相适应，药剂搅拌槽应耐腐蚀；高浓度矿浆应防止矿砂沉槽；提升搅拌槽的提升高度，一般不宜大于1.2m。

（5）选矿厂生产中，某些药剂可添加在磨机、浮选前泵池或分配器内。

（6）尽量选取相同规格浮选机，便于备品备件的准备和统一维护，选比较大的有色金属矿，粗选和扫选使用较大容积的同型浮选机，精选使用容积较小浮选机。

（7）机械搅拌充气式浮选机所配鼓风机宜选用离心式，其数量应按50%~100%备用。

7.4.1.2 浮选设备计算步骤

（1）浮选时间的确定，试验的浮选时间比工业生产的浮选时间要短些，因此设计中应考虑对实验室浮选时间的修正，设计工业浮选时间 t：

$$t = K_t t_0 \tag{7-47}$$

式中 t_0——试验室浮选机的浮选时间，min；

K_t——浮选时间修正系数，$K_t = 1.5 \sim 2.0$。

如果设计的浮选机充气量与试验用浮选机充气量不同，应按下述计算公式调整：

$$t = t_0\sqrt{q_0/q} + \Delta t \tag{7-48}$$

式中 q_0——试验室浮选机充气量，$m^3/(m^2 \cdot min)$；

q——设计浮选机充气量，$m^3/(m^2 \cdot min)$；

Δt——根据生产实验增加的浮选时间，$\Delta t = 1/2K_t t_0$，min。

（2）计算浮选矿浆体积 V（m^3/min）。浮选矿浆体积 V 按式（7-49）计算：

$$V = \frac{KQ\left(R + \frac{1}{\rho}\right)}{60} \tag{7-49}$$

式中 V——进入选别作业的矿浆体积，m^3/min；

Q——进入选别作业的矿石量，t/h；

R——浮选作业矿浆的液固比；

ρ——矿石密度，t/m^3；

K——给矿不均衡的系数，当浮选前为球磨磨矿时，$K = 1.0$；当浮选前为湿式自磨磨矿时，$K = 1.3$。

（3）浮选机槽数的计算和确定：

$$n = Vt/(K_2 V') \tag{7-50}$$

式中 V'——选用浮选机的几何容积，m^3；

t——浮选时间，min；

K_2——浮选机有效容积与几何容积之比，选别有色金属矿取0.75~0.85；选别铁矿石时取0.65~0.75。

浮选机总槽数确定后，一般应考虑与磨矿机系列数的搭配，系列数增加，必然增加浮选机的槽数，应反算由此增加的浮选时间，以便权衡浮选设备的潜在能力。

搅拌槽搅拌时间 t 由试验确定，一般 $t = 5 \sim 10$min，搅拌槽容积根据浮选机容积 V' 直接从产品样本中查找满足容积的搅拌槽。

（4）按计算结果绘出浮选、搅拌设备统计表。

7.4.2 磁选设备选择与计算

根据工艺需要，选取弱磁机或强磁机。弱磁场磁选设备有湿式筒式磁选机、磁力脱泥（水）槽、磁选柱、干式筒式磁选机、磁力滚筒等；强磁场磁选设备有干式盘式强磁选机、辊式强磁选机、感应辊式强磁选机、湿式平环强磁选机、湿式立环强磁选机、高梯度磁选机、超导磁选机等设备。目前主流弱磁磁选常用磁力脱泥（水）槽、筒式磁选机、精选磁选柱；强磁机常用立环强磁机等；预选常用磁滚筒（磁滑轮）等设备。介于弱磁和强磁之间还有中磁机，常用于扫选作业。还可根据工艺需要选用预磁器、脱磁器等设备。

7.4.2.1 磁选设备选取原则

（1）根据物料性质、处理矿量、工艺要求，选用大型、高效、节能的设备。

（2）一般磁选工艺，筒式磁选机或磁力脱泥槽分别用于抛弃大颗粒和细颗粒尾矿，磁选柱一般用于精选段。

（3）立环式强磁机多用于金属矿，超导强磁机多用于非金属矿除铁较多。

（4）新型磁选机近年来层出不穷，选择时一定要做充分的试验和论证。

（5）可以进行预选的磁铁矿，大于12mm粒级宜采用干式选别，小于6mm粒级宜采用湿式选别。

（6）湿式永磁筒式磁选机入选粒度宜符合下列规定：

1）顺流型宜为6~0mm；

2）逆流型宜为1.5~0mm；

3）半逆流型宜为0.5~0mm。

（7）选型计算时应进行矿浆通过能力验算。

7.4.2.2 磁选设备处理能力计算

根据设备手册、实际试验资料确定处理能力。通常磁选设备选取单位筒长或单位宽度能力作为计算台数参数。

（1）干选机。参考生产实际选取参数，如干选抛废用CTDG××××磁力滚筒生产能力：

$$Q = 1.2 \times 10^{-4} \times \pi R n b d \delta \qquad (7\text{-}51)$$

式中 Q——设备生产能力，t/h；

R——滚筒直径，cm；

n——滚筒转速，r/min；

b——滚筒宽度，cm；

d——滚筒上料层厚度或矿粒直径，cm；

δ——矿石密度，g/cm^3。

（2）湿式筒式磁选机。处理量计算公式为：

$$Q = qnL_p \qquad (7\text{-}52)$$

式中 Q——磁选机的干矿处理量，t/h；

q——磁选机单位生产能力，t/(m·h)；

n——滚筒数目；

L_p——圆筒的工作长度，m；$L_p = L - 0.2$；

L——磁选机的几何筒长，m。

（3）磁力脱泥（水）槽。初步设计选用某种规格型号的磁力脱水槽，查到溢流面积

F，再计算生产能力：

$$V = 3.6Fu \tag{7-53}$$

式中 V——按溢流体积计的生产能力，m^3/h；

F——磁力脱水槽的溢流面积，m^3；

u——溢流速度，当给矿粒度小于 0.15mm 时，$u = 5mm/s$，小于 0.074mm 时，$u = 2mm/s$。

台数的计算：

$$n = \frac{V_i}{V} \tag{7-54}$$

式中 V_i——溢流的矿浆体积，m^3/h。

7.4.3 重选设备选择与计算

7.4.3.1 重选设备选取原则

（1）重选设备应根据物料性质、矿浆浓度、处理矿量、操作与维护等因素进行选择，优先选用高效、节能的设备。

（2）不同粒度范围的物料，应选用与其相适应的重选设备进行选别：

1）2~20mm 粗粒级物料的分选，宜选用跳汰机。

2）0.074~2mm 物料的分选，可选用圆锥选矿机、螺旋选矿机或摇床，亦可采用跳汰机。

3）0.037~0.074mm 物料的分选，宜选用螺旋溜槽或摇床。

4）0.01~0.037mm 矿泥宜选用离心选矿机粗选，皮带溜槽精选。

（3）钨、锡粗精矿中粗粒硫化物的分离，宜选用台浮摇床或圆槽浮选机。

7.4.3.2 重选设备处理能力计算

重选设备类型有重介质选矿机、跳汰机、摇床、溜槽（螺旋选矿机、螺旋溜槽、皮带溜槽）、离心选矿机等。计算时一般按设备手册或实际试验资料确定处理能力。

设备类型选定后，计算规格、台数多先确定其单位生产定额，然后在满足系列数、配置的情况下，尽量考虑大规格、适应性强的高效设备。

重选设备选取单台能力作为计算台数参数。台数计算后应按配置要求取系列数的最小满足要求的整倍数。

（1）螺旋溜槽生产能力：

$$Q = 3\sigma D^2 d_{av} n/R \tag{7-55}$$

式中 Q——螺旋溜槽生产能力，t/h；

σ——矿石密度，t/m^3；

D——螺旋槽直径，m；

d_{av}——入选矿石的加权平均粒度，mm；

n——螺旋的个数；

R——给矿矿浆液固比。

（2）其他重选设备请参阅选矿设计手册。

7.4.4 脱水设备选择

7.4.4.1　脱水设备选取原则

（1）浓缩机规格应根据生产定额及上升水流速度确定，浓缩机形式应根据使用条件选择，处理量较小宜选用中心传动式；处理量较大宜选用周边传动式，但在寒冷地区应选用周边齿条传动式；处理量大、场地狭小时，宜采用高效式。

（2）精矿粒度粗、密度大，精矿含水率要求大于或等于12%时，宜选用圆筒型；精矿粒度小于0.2mm时宜选用圆盘型真空过滤机、外滤式或折带式圆筒型真空过滤机；精矿或物料粒度小于30μm时，要求精矿含水率8%~12%，物料可滤性差时，宜选用自动压滤机。

（3）对弱磁选精矿浓缩可选用浓缩机、弱磁选机。对强磁选、浮选和重选精矿浓缩宜选用浓缩机。采用弱磁选机进行浓缩时，设备选择计算应依据矿浆的体积量确定其规格和数量，磁场强度不应低于粗选磁场强度。中矿浓缩可选用浓缩机、斜板浓密箱。

（4）铜、铅、锌、镍等精矿的干燥应采用直接加热圆筒干燥机；钨、锡、钼等精矿的干燥，宜采用间接加热干燥设备。

（5）浓缩机面积应依据试验结果或参照类似矿石选矿厂的生产指标计算确定；颗粒的自由沉降速度按试验结果确定。

（6）过滤机所配真空泵应依据试验数据和类似生产厂的经验数据选用；过滤的真空度宜为0.05~0.07MPa，抽气量为1.5~2.0$m^3/(m^2 \cdot min)$。

（7）鼓风机宜选用罗茨风机。鼓风压力宜为0.15MPa；风量为0.2~0.3$m^3/(m^2 \cdot min)$。

（8）过滤设备台数应有25%的备用；当采用陶瓷过滤机时，应适当增加备用台数。

7.4.4.2　脱水设备计算

（1）过滤设备的选择和计算。

1）过滤机类型。内滤式圆筒过滤机、外滤式圆筒过滤机、圆盘真空过滤机、压滤机。细粒级矿物多选用陶瓷过滤机或板框压滤机，但这两种设备价格较高，且维护管理复杂，经营费用较高。

2）台数计算：

$$n = \frac{Q}{Fq} \tag{7-56}$$

式中　n——过滤机的台数；

Q——需要过滤的干矿矿量，t/h；

F——每台过滤机的过滤面积，m^2；

q——单位面积处理量，$t/(h \cdot m^2)$，根据选厂实践选取。

注意过滤机需要25%备用。

（2）浓缩机的选择与计算。

1）按单位面积生产能力计算所需沉降面积：

$$F = \frac{Q}{q} \tag{7-57}$$

式中 F ——设计所需的浓缩机面积，m^2；

Q ——给入浓缩机的固体量，t/d；

q ——单位面积处理量，$t/(m^2 \cdot d)$。

注意单位处理量 q 的取值与处理物料性质相关，要有依据，符合实际，精矿和尾矿、比重大和比重小的矿物、颗粒粗和颗粒细的矿物差别均较大，最有说服力的依据是处理物料的沉降试验结果。在没有试验数据的情况下，可参考类似厂家的生产数据，切不可随便选取，不同沉降速度的物料该值差别很大。

2）计算所需浓缩机直径 D：

$$D = 1.13\sqrt{F} \tag{7-58}$$

根据计算所需直径 D 选取标准设备。一般浓缩机要选 2 台及以上，以免出现事故影响整个生产过程。计算所需直径前可先分系列数，用所需单系列沉降面积求浓缩机直径；也可以先选定某种型号浓缩机，利用所需总面积除以单台面积来计算浓缩机台数。

7.5 辅助设备及设施的选择计算

7.5.1 储矿设施

储矿设施是选矿生产系统中重要环节之一，主要作用是存储、转运、稳定矿量波动等。可以用来调节矿山与选矿、选矿与烧结球团之间的生产波动，保证整个系统正常运行，提高设备作业率；调节选矿厂内部各作业的生产波动，存储原矿、产品，满足矿山及外部运输作业的转运要求。此外，尚有混料中和、脱水、物料分配等功能。

7.5.1.1 按生产中发挥的作用划分

（1）原矿储矿仓或矿堆：

1）目的。调节矿山采矿与选厂生产中不平衡状态或生产波动、季节性运输。

2）储有时间。根据运输方式或采矿常规故障维修时间确定，一般在一天左右。

3）形式。地下式、半地下式、斜坡式。

当选矿厂距矿山较远或运输系统及自然条件比较复杂，或同一系统处理多种矿石时，为解决采选间均衡生产问题，有时考虑在粗碎作业前设置较大的储矿设施。但由于原矿粒度大、投资多、生产费用高，设计中很少采用。原矿仓矿石有效储存量为储存时间乘以破碎机实际小时处理矿量；挤满给矿的受矿仓容积可以小于 0.5h，但不得小于 60~150t；原矿运输距离短或箕斗提升后直接卸入粗矿仓时，储存时间可取下限值。

（2）原矿受矿仓。属容积较小的储矿设施，主要解决原矿运输与选矿厂之间的生产衔接问题。挤满给矿的旋回破碎机受矿仓应大于运输车 1 车容量。

（3）中间矿仓或矿堆。规模在 10000t/d 以上的选矿厂，可考虑设置中间储矿仓或矿堆。一般设于粗中碎之间或细碎之前。由于投资多，常用于大型选矿厂。对只处理一种矿石或生产规模较大时储存时间为 0.5~1d；处理两种以上矿石或距采场较远或地区气候条件较差时其储存时间可考虑为 1~2d，中间矿仓或矿堆矿石有效储存量，为储存时间乘选矿厂每日处理矿石量。

（4）缓冲及分配矿仓：

1）目的。调节相邻作业间不平衡状态或分配矿流。

2）储有时间。中碎前10~25min，细碎、独立筛前15~40min。

3）形式。矩形——四面或三面倾斜、储矿漏斗。

主要解决生产中相邻作业的均衡和平衡问题，多用于破碎、筛分生产系统中。矿石有效储存量：

1）粗碎产品矿仓，在粗破机后，一般储矿时间按3个车厢容量计算。

2）中碎前的分配矿仓应储存10~15min破碎机实际处理量。

3）细碎前、细碎与筛子机组前，筛子前的分配矿仓应储存8~40min破碎机的实际处理量。

（5）磨矿矿仓：

1）目的。调节碎矿与磨矿之间作业制度的差别和产量之间的平衡。

2）储有时间：24h以上。

3）形式。矩形、圆筒高架等。

用于调节破碎与磨矿作业制度的差别和对各磨矿系列分配矿石，以保证选矿主厂房均衡连续生产。矿石有效储存量应为24~36h选矿厂处理量。选矿厂规模小、维修条件差时取上限；规模大并设有中间矿仓时可适当减少，但不得少于16h。

（6）产品矿仓：

1）目的。调节选厂与深加工厂的平衡，必须考虑运输方式和装矿方式，此外，对于含水量高的产品，有脱水作用。

2）储有时间。铁路2~3d，汽车或内河5~10d，海运船舶3~15d。

3）形式。抓斗仓、堆栈仓。

主要解决选矿厂产品储存及外运问题，根据产品的粒度、价格、包装形式选择类型及储量。

产品矿仓精矿储存时间应符合表7-1规定。

表7-1 产品矿仓精矿储存时间

外部运输条件	铁路	汽车	内河船舶	海运船舶
储存时间/d	3~5	5~20	7~14	15~30

产品矿仓精矿有效储存量为储存时间乘以选矿厂日产精矿量，选矿厂位于冶炼厂附近时精矿仓应与冶炼厂合并，其容量为20~30d选矿厂的精矿产量。

两种运输方式联合运输时，按主要运输方式或不同运输方式的运输量分别计算。

7.5.1.2 建筑形式及配套设施

按储矿设施结构划分为：

（1）地下矿仓（图7-1）。由于结构复杂、造价高、劳动条件差，一般较少采用，只是在地形条件、运输设备、总平面高差有特殊要求时才考虑选用。

（2）半地下矿仓（图7-2）。该仓不宜储存350mm以上和10mm以下的矿石，特别是含泥、水多时，由于易产生堵塞排矿口现象，设计中很少采用，一般多为矿堆所代替。

（3）斜坡式矿仓（图7-3）。多建于地形较陡的厂址上。对于水多、粉多的矿石，因排矿困难，不宜选用。

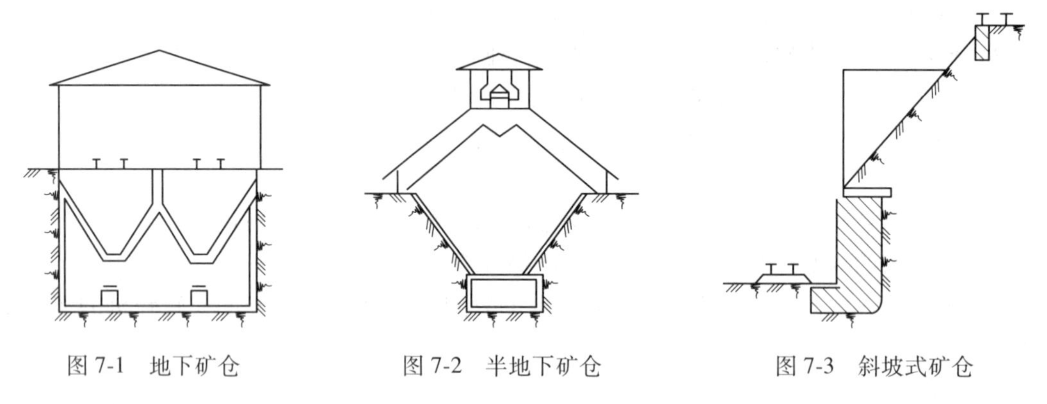

图 7-1 地下矿仓 图 7-2 半地下矿仓 图 7-3 斜坡式矿仓

（4）高架式矿仓（图 7-4）。多用于粉矿仓、产品仓、装车仓等。因造价较高，不宜用于储量很大或含水多的物料。

（5）抓斗矿仓（图 7-5）。多用于细粒精矿及潮湿粉矿的储运作业。在储量要求较大、储存物料采用铁路运输外运时，多采用这种矿仓。

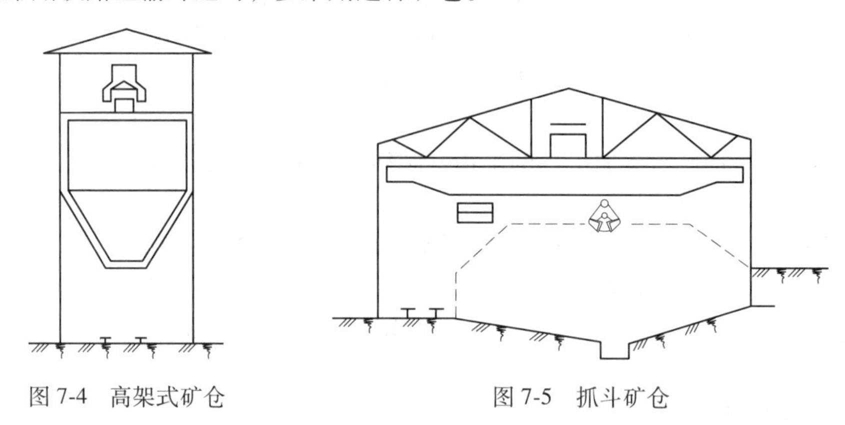

图 7-4 高架式矿仓 图 7-5 抓斗矿仓

（6）露天锥形矿堆。圆锥或长锥形，因矿堆的给、排矿设施比较简单，投资比较低，选矿厂的粗、中碎之间的储矿设施多采用此类矿堆。

（7）槽形矿仓（图 7-6）。中间缓冲矿仓或产品分配矿仓厂采用此类型，上部为槽型，底部排矿为棱锥形或圆弧形，排矿口设置多样。

7.5.1.3 储矿设施设计一般规定

（1）粗矿仓宜采用槽形死角形式矿仓，死角上部仓壁及排料口应衬以钢轨及锰钢板。

（2）大型选矿厂粗碎后的中间储矿设施宜采用地上式矿堆，在高差允许时，宜采用锥形矿堆，矿堆地下通道应设有通风，防水排水设施。

（3）细碎与筛分前矿仓，宜采用槽形漏斗仓，仓壁倾角应大于 50°，并铺以衬板。

（4）大型选矿厂的磨矿仓，宜采用大型矿堆；中、小型选矿厂，宜采用多排口的圆筒形平底仓，仓底排矿口处设较大的钢制漏斗，漏斗倾角不宜小于 50°，仓下通廊应设采光，照明及必要的通风排水等设施。

（5）大、中型选矿厂精矿仓，宜采用槽形料仓并配以桥式抓斗起重机储运；小型或精矿量较少的选矿厂，可采用槽形料场或料仓并配以单轨抓斗起重机。

（6）含水率小于 8%的松散物料，在采用高架式槽形料仓时，料仓排口宜设气动翻板

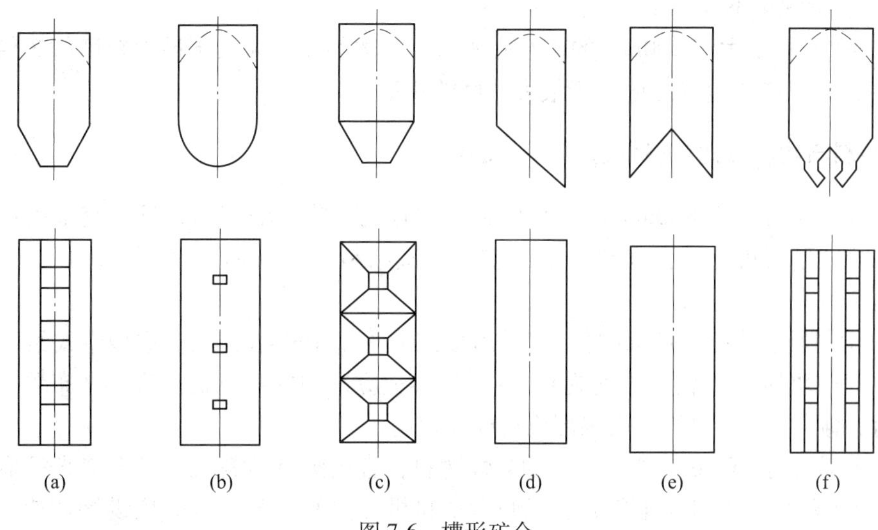

图 7-6 槽形矿仓

闸门，仓内设内衬。

（7）对于易引起排料困难的料仓，应根据排料的滞阻程度，采用空气炮、振动出料机、仓壁振动器等设备强化排矿。

（8）挤满给矿旋回破碎机的受矿仓及其下部缓冲仓的储矿量，应大于运输矿车 2 车的矿量；破碎前有给矿机的原矿受矿仓，其储矿量按破碎机实际处理能力及储矿时间计算，大型厂储矿时间宜为 0.5～2.0h；中型厂储矿时间宜为 1～4h，小型厂储矿时间宜为 2～8h。

（9）中间矿仓或矿堆是否设置，应依据工程具体条件，通过论证确定。如设置中间矿仓或矿堆，其储存时间宜为 1～2d。

（10）缓冲及分配矿仓的储矿时间按下游作业设备最大处理量计算，应符合下列规定：

1）中碎前缓冲及分配矿仓的储矿时间宜为 10～15min。

2）细碎前缓冲及分配矿仓的储矿时间宜为 15～40min。

3）单独筛分前缓冲及分配矿仓的储矿时间宜为 15～40min。

4）磨矿仓的储矿时间，宜为 24～36h。当设有中间储矿仓时可适当减小，不宜大于 24h。矿堆的储矿时间依据具体情况确定，最少宜为 12h，最多宜为 6d。

（11）产品矿仓设计应符合下列规定：

1）采用国家铁路运输时产品矿仓储矿时间宜为 3～5d。

2）采用企业专用线运输时产品矿仓储矿时间宜为 2～3d。

3）采用内河船舶运输时产品矿仓储矿时间宜为 7～14d。

4）采用海运船舶运输时产品矿仓储矿时间宜为 15～30d。

5）采用汽车运输时产品矿仓储矿时间宜为 5～20d。

6）采用铁路运输时装车线长度不宜少于 36m。

7）每台抓斗起重机运行距离不宜少于 24m。

8）产品矿仓的储量不得少于一次一批输出量的 1.5 倍。

（12）受冲击、磨损的矿仓壁应衬以耐磨材料。

（13）块矿的仓壁倾角不宜小于 45°，粉矿多或含泥多的黏性矿石仓壁倾角不宜小于

60°。精矿仓壁倾角不宜小于 70°。

（14）矿石粒度大于 200mm 的矿仓卸矿口，小边的宽度应大于最大粒度的 3 倍；小于 200mm 时，卸矿口窄边宽度应大于最大粒度的 4 倍。

7.5.2 给料与物料输送设备的选择和计算原则

（1）给料粒度大于 800mm 时，采用旋回破碎机运输车辆直送，颚破宜采用重型板式给料机和槽式给料机，配置在料仓下的重型板式给料机宜采用水平布置，必须倾斜布置时，倾角不宜大于 12°。

（2）给料粒度小于 300mm 时，宜采用板式或重型带式给料机，重型带式给料机的带宽应为最大矿块的 4~5 倍；带速为 0.2~0.3m/s；应采用变速电机。宜水平布置，必须上倾布置时，倾角应小于 12°，头尾部应有检修设施。

（3）粒度小于 30mm、含水率高的黏性物料，宜用圆盘给料机，矿仓口直径应为圆盘直径的 3/5；粉尘不大时应采用开启式圆盘给料机，需要调节矿量时应设置调速装置。含泥量少的物料、流动性较好的矿石，可采用摆式给矿机或振动给矿机或电动给料器。

（4）流动性好的物料可采用振动给料机，给料机上部物料不宜直接压落在给料机槽底上，当无法避免时，压料长度不得超过仓口长度的 1/5~1/4，给料漏斗后壁倾角应大于 50°。

（5）中细碎及磨矿机给料宜采用带式给料机，带式给料机不宜承受过大的矿柱压力，给料机的给料口宜采用梯形料口，物料粒度小时，宜于料仓排口设平板闸门。

（6）普通带式输送一般物料时，带速应为 1.25~3.15mm/s；输送粉矿时，带速应为 0.8~1.5m/s。长距离高强度输送机带速为 1.6~4m/s，装有称量装置的输送机，其带速应按称量装置要求确定。带式输送机上带卸料车时带速应小于等于 2.5m/s。

普通带式输送机倾角不应大于下列规定：

1）物料粒度为 350~0mm 时倾角宜不大于 14°。

2）物料粒度 75~12mm 时倾角宜不大于 16°。

3）物料粒度 75~0mm 时倾角宜不大于 18°。

4）物料粒度 12~0mm 时倾角宜不大于 19°。

5）输送物料为过滤产品时倾角宜不大于 20°。

6）倾斜向下输送时倾角不宜大于上述规定的 80%。

距离较短，提升较高的场合可选择大角度胶带运输机（带防滑棱）或斗提机。

（7）大功率 TD-75 型带式输送机应选用起动转矩大的电动机；高强度大功率带式输送机应采用液力偶合器或空气离合器等慢速起动装置，能带负荷启动。

（8）带式输送机地下通廊应设污水泵，泵入口处应设隔粗装置，泵出口管径不应小于 65mm。

毕业设计中只要求选一条带式输送机作设计计算，计算方法可参照《选矿厂设计手册》，胶带运输机工艺设计需要进行宽度（m）、长度（m）、倾角（°）、层数（n）、功率（kW）、速度（m/s）、输送能力（t/h）计算及卸料方式、转弯半径、头尾轮直径、托辊直径、拉紧方式等选择，并委托给设备组进行设备设计，包括托辊、头轮、尾轮、支架、地脚等。

其余胶带输送机列出计算结果即可。全厂胶带输送机明细表格式参考表7-2。

表7-2 全厂胶带输送机明细表

编号	安装地点及图示	生产能力/$t \cdot h^{-1}$	带宽/mm	带长/m	倾角/(°)	速度/$m \cdot s^{-1}$	电机功率/kW	数量/台
No. 1								
No. 2								

7.5.3 选厂矿浆输送的砂泵选择计算

选厂矿浆输送的砂泵选择计算可参考选厂辅助设备教材。对磨矿产品分级用水力旋流器的给矿砂泵，应选用扬量适应范围大、扬程变化小的砂泵；计算砂泵能力时，矿浆的波动系数应为1.2~1.4。计算浮选回路中泡沫泵能力时，矿浆量的波动系数应为2~2.5；多泡沫的中矿或精矿应为2.5~3.5。选矿厂的砂泵管道不得水平铺设，应根据物料粒度保持相应的回流坡度，不得小于1%。输送3mm左右粗粒以及输送含煤油等对橡胶腐蚀性质强的浆体物料时，不宜选用衬胶砂泵。毕业设计只计算一个砂泵作示例即可。

例7-1 粗、细分级旋流器给矿泵的选择计算

已知：根据旋流器组数、供矿条件等因素，首先确定2工2备，变频调速（一般旋流器给矿泵、浓缩机底流泵和有特殊要求的渣浆泵为变频调速）。

由流程图查得：干矿量 $Q = 435t/h$，矿浆浓度 $C = 30\%$，水量 $W = 1039m^3/h$，品位 $\beta = 32.90\%$。

由配置图查得：几何高差 $\Delta H = 11 + 15 = 26m$（其中11m为旋流器给矿扣压力折算的几何高差，15m为泵给矿管道最高点与泵出口处的几何高差）；矿浆管道长度 $L = 50m$。

（1）矿浆量和矿浆比重计算：

1）矿石密度：

$\rho_1 = 100/(38.5 - 0.266\beta) = 100/(38.5 - 0.266 \times 32.9) = 3.36t/m^3$

2）矿浆体积流量：

$V_1 = Q/\rho_1 + W = 435/3.36 + 1039 = 1168m^3/h$

3）最大矿浆体积流量：

$V_2 = K_1 V_1 = 1285m^3/h$，矿浆波动系数 $K_1 = 1.1$

4）每台泵的矿浆体积流量：

$V_3 = 1285/2 = 643m^3/h = 178L/s = 0.178m^3/s$

5）矿浆密度：

$\rho_2 = (Q + W\rho_水)/(Q/\rho_1 + W) = (435 + 1039 \times 1)/(435/3.36 + 1039) = 1.26t/m^3$

（2）计算管径 D(mm) 和矿浆流速 u(m/s)：

1）管径 D 最好取常规的管径（如DN50、DN75、DN100、DN150、DN200、DN250、DN300等）。

2）矿浆流速 u 最好控制在 $u = 2.3 \sim 3.0m/s$，当矿浆浓度较低，中值粒径 d_{50} 大于0.15mm时，矿浆流速应偏大，接近于3.0m/s。

3）选择 $\phi325\times(10+3.5)$mm 复合管，内径为 29.82cm。

矿浆流速 $u_1=(4V_1/2)/(\pi D_{内径})=(4\times0.162)/(3.14\times0.2982)=2.32$m/s，满足流速要求；

最大矿浆流速 $u_2=(4V_2/2)/(\pi D_{内径})=(4\times0.178)/(3.14\times0.2982)=2.55$m/s。

（3）总扬程计算：

1）矿浆沿程损失 $H_fL=0.017(L/D_{内径})\cdot[u_2^2/(2g)]=0.017\times(50/0.298)\times2.55^2/(2\times9.8)=0.95$m。

2）矿浆局部损失 $H_i=(0.15\sim0.2)H_fL=0.2\times0.95=0.19$m。

L 的取值，当管道较长时取小值，反之取大值。

3）矿浆管路损失 $=H_fL+H_i=0.95+0.19=1.14$m。

4）折合清水扬程 $H_1=(\Delta H+H_fL+H_i)/H_R$（其中 H_R 为扬程比）；

$H_R=1-0.000385(\rho_1-1)(1+4/\rho_1)C_w\ln(d_{50}/0.0227)$（其中 d_{50} 为中值粒径，单位为mm）。

当 d_{50} 无法查得时，H_R 一般为 0.8～0.9，当矿浆浓度较大时，取大值，反之取小值。本次计算取为 0.85。

5）实际计算折合清水后扬程 $H_1=(26+0.95+0.19)/0.85=32.0$m。

（4）泵的选择和功率计算：

1）泵的选择。根据泵的体积流量 V_2 和扬程 H_1，选择 200ZJA-I-A58 渣浆泵，查该泵的主要性能参数和性能曲线得：

泵转速 $n=800$r/min，流量 $v=643\text{m}^3/\text{h}$，泵效率 $\eta=80\%$，扬程 $H=35$m（其中 3m 为 10% 左右的富裕扬程）。

2）功率的计算。电机功率 $N=K_2HQ\rho_2/(102\eta)=1.1\times35\times178\times1.26/(102\times0.8)=106$kW。式中，$K_2$ 为富裕系数；$K_2=1.10\sim1.20$，一般小泵取大值，大泵取小值。

选取 Y315L2-6 电机，$N=132$kW。

7.5.4 检修设备与设施

（1）检修起重机应满足起吊最重零部件或难以拆卸的装配件的要求，可不考虑设备安装要求。

（2）检修碎磨设备用吨位大于或等于 5t 的电动起重机时，应选用电动桥式起重机，不应选用电动单梁起重机，吨位小于 5t 或用于单台设备检修的起重设备，宜选用手动、电动单梁、电动葫芦和单轨起重机，起重机的吊钩应在垂直状态下工作。

（3）检修起重机宜采用地面操作方式，地下配置的破碎厂房、零部件需提升至地上检修，厂房内架空管线较多或厂房较长和跨度大时可采用驾驶室操作方式，在粉尘较多的厂房内应选用封闭式驾驶室。

（4）厂房过长、设备数量较多时，可在同一跨间布置两台相同或不同规格的起重机，但不宜采用两台起重机合吊零部件。

（5）检修场地宜设在厂房端部，破碎、磨矿检修场地的有效长度应符合有关规定，大型选矿厂应设置小型设备维修站，其位置宜设在厂房内的检修场地附近。

7.5.5 其他设备

如犁式卸矿器、胶带卸矿小车等不宜归于某一项的设备均列此处，只需列出名称、型号、规格数量即可。

最后，在本章末列出全厂设备一览表，其格式如设备配置图中的设备明细表栏。设备序号应以车间为单位，由下向上进行编号，最好与设备配置图的序号一致，以便添补遗漏。

汇总全厂设备安装总重量，该项目还应包括非标准设备、金属构件、管道及零件等的重量，可参看经济篇的计算结果。

汇总全厂设备安装总功率、设备运转功率（安装总功率应减去备用设备功率）。

汇总全厂设备购置费用，应分别指明设备购置费用标准、所代表的年代。

7.6 选矿厂辅助生产设施

选矿厂的辅助生产设施一般包括机修、实验室、化验室、技术检查站、药剂设施、备品备件和材料仓库、选厂办公室以及锅炉房、燃料堆放场地等。在选厂主要生产工程项目设计后，常以单项工程列出作专项设计。选矿专业负责除机修、仓库堆场、办公室之外的设计，在编制初步设计文件中应按设计选厂的性能要求分项，并说明项目设置内容，绘制配置图和计算它们的单位投资。在方案比较和可行性研究中多根据类似企业的统计资料、该项目的投资占选厂各生产项目（车间）投资的百分数进行估算，教学中多以估算方式代替项目的初步设计深度，但对辅助设施项目设置的内容要求在设计书中予以说明。

7.6.1 检修与机修设施

选矿厂机修设施的装备水平及其规模应根据选矿厂的规模、主要设备规格、部件及零件的自给率、年检修工作量确定，一般大中型选矿厂可设机修厂，承担矿山和选厂的部分大中修任务，大型选矿厂还可以有适当电修设施；小型选矿厂仅设维修站，承担选矿设备的日常维修和小修。随着我国机械制造业布局的日趋合理、设备制造水平的不断提高，以及市场经济繁荣，机修工作量逐渐减少，协作条件日渐良好，机修将以零部件更换取代修理。

机修设施装备标准应按有关矿山机修与汽修设施工艺设计标准执行，有色金属矿选厂按《有色金属矿山机修与汽修设施工艺设计标准》（YSJ 016—92）执行，新建有色矿山企业应贯彻机修以修理为主、汽修以维护为主的原则。

选矿厂一般只设维修站，设备修理率为10%；机修工作制度，除跟班维修工外，机修设备工按一班工作制，其工作时基数为2350h；维修站内设机械加工、锻工、铆工、钳工等作业间，重选厂还应设摇床维修间，一级维修站要有普通车床、牛头刨床、摇臂钻床、带工作台的卧式万能铣床、150~250kg 的空气锤、卷板机（(12~20)×2000mm)、1000kN 的校正压装机、1~3t 起吊设备。选矿维修站的劳动定员指标，按每百台班 4~8 人编制；维修站的建筑面积由工作间的平面配置确定。

7.6.2 选矿试验室，化验室及技术检查站

为统一选矿厂试验室、化验室及技术检查站的工艺设计技术要求，提高设计质量和效率，新建选矿厂的试验室、化验室及技术检查站的设计必须符合有关选矿厂试验室、化验室及技术检查站工艺设计标准，有色金属矿选厂须符合《有色金属选矿厂试验室，化验室及技术检查站工艺设计标准》（YSJ 007—90）。

7.6.2.1 试验室

选矿厂试验室的任务是通过条件试验提出工艺措施，为指导选矿厂日常生产服务。根据选矿厂的生产规模及工艺流程的复杂程度，大型或工艺流程复杂的有色金属选矿厂应设中型试验室；中小型或工艺流程简单的选矿厂应设小型试验室。试验室宜布置在选矿厂主厂房附近，具有较好的通风、除尘、采光、照明、排污等设施。

（1）试验室组成和建筑面积。中小型试验室应设有碎矿、磨矿、选矿、粒度分析、样品加工（包括过滤干燥等室）和办公室，中型试验室的建筑面积一般在 200~310m^2 之间，小型试验室在 190~200m^2。

（2）试验室人员及其构成。中型试验室为 5~6 人，小型 3~4 人，其中选矿技术人员与试验室工人的比例以 1∶1 为宜，不设专职管理人员，以技术人员兼任。

（3）试验室设备。各类试验室应配备必要的破碎、磨碎和选别设备，以浮选为主的中型试验室，应配备用于中矿再磨的小型球磨机、破碎间、样品加工间及浮选室。

7.6.2.2 化验室

选矿厂化验室应承担采场、选矿厂提供的各种样品的分析检验工作；化验室的分析样品应包括选矿日常生产样、快速分析样、地质样、采矿样、外销产品样、选矿试验样、生产考查样和内检样等。试验室和化验室宜分开设置。

（1）化验室分类。化验室按分析元素不同，可划分为一般化验室和综合化验室两类，同时可按化验工最大班人数分为中型和小型两种规模，一般中型化验室最大班人数 8~14 人，小型 2~7 人；中型综合化验室 10~16 人，小型 3~9 人，并按分析各种元素的工班定额定人。

（2）化验室组成和建筑面积。化验室设有各种分析间、标准液确定间、电炉间、天平间、蒸酸间、蒸馏水制取间、贵金属分析配样间、贵金属熔融分析间及办公室等。中型化验室建筑面积应按最大班人数平均每人 23~35m^2 确定，小型化验室应按最大班人数平均每人 35~45m^2 确定。

（3）化验室设备。应根据化验室类型和规模选定，一般小型化验室的主要设备有 X 荧光光谱仪、光电分光光度计、光电天平、箱式电阻炉、马弗炉、电热恒温干燥、真空泵以及蒸馏水制取器等。化验室靠近主产房时，须注意天平室的防震。

（4）防护设施。化学药剂的房间应有防腐、防火、防晒、防潮设计。用水应达到生活用水的水质标准，化验室产生的粉尘、有毒有害气体、废水等必须经净化处理达标后排放。

7.6.2.3 技术检查站

技术检查站的任务是对选厂生产过程进行技术检查和技术监督。

（1）技术检查站按每班样品划分为中型和小型两种规模。大型或工艺复杂的选矿厂应设中型技术检查站；中小型选矿厂设小型技术检测站。

（2）技术检查站的采样和制样人员。中型8~12人，小型技术检测站为3~7人，但不设专职管理人员，中型可设专职人员。

（3）技术检查站的建筑面积。中型不宜大于72m^2；小型不宜大于54m^2，且必须设置通风装置，可与试验室合建在一处，或设在选矿车间内。

（4）技术检查站的设备。有制样机、电热恒温干燥箱、电热板、盘式真空过滤机、标准套筛、托盘天平等。

7.6.3 药剂设施

药剂设施是浮选厂等不可缺少的辅助生产设施，它包括药剂储存、制备和给药三部分。

7.6.3.1 药剂储存

药剂储存方式随药剂性质、种类及包装形式的不同而异。散装液体药剂设置储液槽，袋装或桶装的药剂应设置仓库。药剂储存量是计算储存仓库面积的主要依据，一般应以药剂供应点的远近、交通运输和用药量的多少来决定，一般按1~3个月的生产药量考虑仓库面积，计算药剂堆存仓库面积时注意：药剂堆放高度，铁桶包装可用吊车立放，堆放2~3层，麻袋或编织袋包装可多层叠放；不同品种药剂应分别堆放，剧毒药品应单独存放；设计仓库时要考虑通风、防火、防腐、防潮措施。

7.6.3.2 药剂制备

在主厂房设计中必须考虑药剂制备及给药设施应具备的条件。

（1）药剂制备。药剂用量少、品种也不多的选矿厂，可将药剂制备室和给药室集中设置在主厂房内；药剂品种多、用量大的选矿厂，可把药剂制备设在靠近主厂房较高的位置，以便药剂能自流至给药室。

（2）药剂浓度。以方便给药、储存及计算为原则。用药量小的采用低浓度制备，用药量大的采用高浓度制备。制备浓度一般在5%~20%之间，剧毒的氰化物配成1%为宜。

（3）药剂制备量。需加水溶解的药剂采用药剂搅拌槽，不需溶解的药剂设置储存槽，药剂制备量的大小以每班溶解一次较适宜，用药量大的可每班溶解两次，剧毒药剂采取专人配置，并与其他药剂制备室分开。

（4）几种常用药剂的制备方法：

1）水玻璃是块状时，经人工破碎后放在搅拌槽中加温溶解；液状时，则放至搅拌槽中加水稀释即可。

2）硫化钠可经人工或机械破碎后，放入搅拌槽中加水溶解，或将整桶硫化钠去皮后放入搅拌槽中，用泵构成循环溶解，严寒地区需用温水或通蒸汽加温溶解，直至完全测定达标浓度后送入储存槽中。

3）氧化石蜡皂可连同包装桶一起倒入溶解槽中，通入蒸汽待药剂溶解后送至搅拌槽中加水稀释到所需浓度，再送至给药室。

4）凝固点高的药剂，加油酸、脂肪酸等必须在高温下溶解，同时在给药机、输送管道及搅拌槽等处设置加温和保温措施。

5）黄药、碳酸钠、硫酸锌、硫酸铜及氰化物等易溶于水的药剂，可直接按量倒入搅拌槽中，加入适量的水配成需要的浓度。

6）石灰，若为粉状可用小型带式输送机或盘式给料机加到系统中去；若为块状，当用量不大时，可在给料堆上加入少量水进行预消化后，加入搅拌槽中进行消化；当用量大时，可用磨矿分级等工序制成石灰乳添加到系统中去。

7.6.3.3 药剂添加

首先是给药方式，小型选矿厂用集中给药方式，便于操作管理；多系列大、中型选矿厂用分散给药方式；剧毒药剂应单独设置给药室，以确保安全。其次是给药装置，目前除少数老选厂仍使用斗式、杯式和轮式给药机外，已普遍采用虹吸给药机，在虹吸给药机前，可设置微机控制加药机装置和负压加药装置等。此外，还可用小型定量泵加药，干式添加的给药设备常选用盘式或带式给药机。

7.6.3.4 设计注意事项

（1）选矿厂给药室应以集中配置为主，小型选矿厂给药室可与制备间合并设置。

（2）药剂添加室应设有视野广阔的观察窗。药剂种类、数量较多的大、中小型选矿厂，添加室中应增设操作人员工作室。

（3）药剂室应采取防腐措施，气味较大的黄药、硫化钠等储药槽及给药机处，应设置独立的机械排风系统。

（4）药剂添加及制备室排出的污水，可通过尾矿管输送至尾矿库。

（5）药剂管道不宜与电缆、电力线、自动控制管线共架敷设。

（6）药剂管道走向与标高应保证起重设备正常起吊与运行，不得影响生产操作人员的操作。

（7）石灰乳及易沉淀药剂的储槽应增设搅拌装置，槽底应安装排渣活门。

（8）石灰乳用量较大时宜采用压力循环管添加，循环管中石灰乳流速不小于3m/s。

（9）大、中型浮选厂宜采用数控给药机或药剂定量泵，小型选矿厂宜采用机械或虹吸给药器。

药剂设施应符合下列规定：

（1）药剂仓库应设置在运输方便的位置，并应靠近药剂制备间。

（2）药剂储存、制备和使用各环节应设有安全保护措施。

（3）依据药剂性质不同，药剂仓库应进行通风、防火、防晒、防腐、防潮设计。

（4）不同品种的药剂应分别堆放。

（5）剧毒药剂、强酸、强碱等必须单独存放，且必须有安全措施。

（6）药剂储存时间应依据药剂供应点远近、交通运输情况和用药量多少决定，不宜少于15d。

（7）药剂制备宜在独立场地进行，也可设置在药剂仓库内。

（8）药剂储存槽应设有液面控制装置。

（9）腐蚀性药剂的稀释应采用专用的稀释、散热设备。

7.6.4 自动控制，检测与计量装置原则

（1）选矿工艺复杂、生产规模较大的选矿厂，应相应提高自动化水平；中、小型选矿厂可采用局部自动控制方式。

（2）选矿厂破碎筛分系统开停车顺序宜采用集中联锁控制，系统复杂、设备数量较多时可采用程序控制。

（3）大中型选矿厂磨矿机给矿宜采用恒定给矿，磨矿机产品浓度和细度应采用自动控制。

（4）自动化水平要求较高的大型选矿厂应设集中控制室，并在设备附近设置就地控制仪表盘。

（5）选矿厂取样点的设置应符合工艺流程特点及生产检测需要，取样方法应机械化、自动化。

（6）需要配矿的原矿与精矿宜设干式取样装置及其制备系统，原矿取样装置应在细矿仓附近，精矿取样机应设在过滤与干燥作业线上。

（7）矿浆量过大时应先经缩分再给入取样机，样品缩分比应根据矿浆量与取样机允许流量确定。

（8）选矿厂的原矿、破碎产品、磨矿机给矿、最终精矿和重选系统给矿应设置计量装置；设置计量装置的带式输送机应与计量装置的技术要求相适应。

（9）各种检测与计量仪表应符合产品安装要求。

7.6.5 备品备件及材料仓库选择

采选联合企业内的中、小型选矿厂，一般不单独设计设备及材料仓库，从总库（一级库）中直接领用。但对独立选矿厂或大型选矿厂，维修工作量大的中、小型选矿厂，应在选矿厂区域设置专用仓库。仓库位置应选择在交通方便与大量消耗备品、备件厂房接近处，有条件时应设计成高台、低货位的仓库。仓库的结构形式可以是露天、料棚、封闭式等形式。仓库面积按材料储存量、单位仓库面积堆存量及面积利用系数确定。并按设备、备件、材料重量、数量、大小设置相应的水平运输及提升装置。

8 选矿厂总体布置及车间配置

8.1 设计任务与内容

8.1.1 设计任务

本章任务是选矿厂厂区总体布置和车间内设备机组的配置，应满足生产的协调与顺畅，兼顾对环境的影响最小。

选矿厂总体布置，也叫总图布置，指在选定的建厂区域内，结合厂区的自然地形条件、交通条件对建筑物、构筑物、动力设施、道路、管线、绿化等进行合理布置。在专业上属于总图运输设计，一般设计院为独立设计室，但需要选矿专业工艺设计人员配合来完成。

选矿厂工艺车间和辅助设施包括粗破碎站（车间）、中细碎车间、筛分车间、预选车间、主厂房（也有单独的磨矿车间、重选车间、磁选车间、浮选车间）、过滤车间、尾矿浓缩输送车间、泵站（清水泵站及砂泵站）、胶带运输机通廊及转运站、各类矿仓、露天矿堆、制药间、实验室（一般含化验室）、机修车间等。

行政建筑包括办公楼、生活区、食堂等建筑。由于兴建工业生产设施，破坏了原有自然生态环境，容易发生灾害和粉尘污染，因此做好环境保护，搞好厂区绿化是非常必要的；也要注意可能引起的局部水土流失，或引发泥石流灾害。

总图布置需要规划出各类用地范围，用图纸形式呈现出来，是车间机组配置及皮带通廊等设计的前期工作基础，毕业设计由于时间较短，一般没有这项要求。

8.1.2 设计内容

8.1.2.1 设计说明书

本章需结合总体布置原则和设计内容详细说明选矿厂的总体布置方案、特点。

选矿厂总体布置包括总平面设计说明及设计图纸。初步设计阶段完成总图设计说明、总平面图、竖向布置图、绿化图等；施工图阶段完成总平面图、竖向布置图、土石方图、道路施工图、场地雨水排水图、管线综合图、绿化及建筑物布置图；详图完成道路横断面、路面结构、挡土墙、护坡、排水沟、跌水沟、急流槽、各类场地、围墙等。

车间设备配置的任务是按工艺流程的要求，确定设备在厂房内平面与剖面的合理位置，保证流程的畅通和设备的正常运转，具有操作方便、安全、卫生的工作环境。

8.1.2.2 注意的问题

（1）总平面布置要对地形充分利用，应做到物流、人流经济合理，充分利用竖向布置，必要时考虑进一步扩建的余地。

（2）节约用地；满足生产工艺过程要求；适应厂内外运输要求；适应厂内气候、地形、工程水文等地质条件；满足卫生、防火、防震、防爆、防噪声等安全防护要求；满足城市规划要求。

（3）注意流程具有灵活性。即将同一作业的多台同型号、同规格的设备或机组，尽可能配置在厂房内同一标高，以便变革流程时设备具有互换性。

（4）合理选择场地的平土设计标高，使土石方工程量达到平衡，尽量减少挖方量。断面布置形式上采用台阶式，台阶间采用挡土墙等连接。

8.2 总 体 布 置

8.2.1 总体布置的原则

总体布置（总图运输，或总平断面布置）是选矿厂设计中的重要组成部分。一个建设项目没有总体设计，就会使总体布置分散、紊乱、不合理，造成无计划的盲目建设，既影响生产和生活的合理组织，又影响建设的经济效果和建设速度，也破坏了建筑群体的统一和完整。所以，新建选矿厂必须在已确定厂址的用地范围内合理、经济地进行总体布置。

选矿厂总体布置应在国家工业建设有关政策指导下，根据选矿厂建筑群体的组成内容和使用性能要求，结合地形条件和工艺流程，综合研究建筑物、构筑物以及各项设施之间的平面和空间关系，正确处理厂房布置、交通运输、管线综合、绿化等问题，通过充分利用地形、节约土地，使建筑群的组成和设施融为统一的有机整体，并与周围环境及其他建筑群体相协调。

通常，一个选矿厂的总体布置，在综合考虑各种因素之后，可用平面和剖面（竖向）设计图纸表示出来。

总体布置涉及多方面的知识，是一项技术性、政策性很强的工作，需要与有关专业密切配合才能正确进行总体布置。不同类型选矿厂总体布置，与设计对象的性质、规模、使用性能和当地条件（如地形、地质、气象、水文、周围环境、城市或农村规划要求）有密切的关系。因此，总体布置必须处理好局部与整体、工业与农业、生产与生活、建设与自然、设计与施工、近期与远期等关系。

设计内容可结合现场实习收集的资料作重点描述，因该项工程发生的一切费用，在毕业设计中是采取估算的形式进行，反应在整个选矿厂设计中的几项技术经济指标，应结合不同的设计任务加以计算，以保证初步设计的完整性。

基本原则：

（1）总体布置必须贯彻国家工业建设有关方针、政策，合理利用每一寸土地，切实保护耕地和防止污染，保护环境的国策，做到合乎国情、安全适用、技术先进、经济合理。

（2）总体布置应符合所在地的地区规划，或城镇、农村规划的要求。宜以现有城镇为依托，对辅助生产、废料加工、交通运输、维修服务和生活服务等方面进行协调，如厂址附近无城镇可依托时，应按国家工业建设有关规定进行总体规划。

8.2.2 总体布置一般规定

（1）总平面布置须进行多方案比较，确定合理的布置方案。根据工艺流程、运输条件、安全卫生、施工管理等因素，结合场地自然条件，进行多方案比较。即：

1）满足生产、生活的使用性能，分区组合建筑群和道路。总平面布置应以主要工业场地为主体，全面规划、统筹安排，如出入口的位置、交通线路的走向、建筑物的平面组合等，应按相互之间的性质关系和特点进行布置，使其紧凑合理；确定各性能区的外形时，其面积不宜过小，通道的数量不宜太多，并与周围环境协调统一。生产上做到流程畅通，生活上做到使用方便。

2）节约用地，做到技术、经济上合理，尽量利用荒地、劣地，不占或少占耕地、好地，少拆迁民房，结合当地条件因地制宜进行总平面布置；充分利用和保护天然排水系统及山地植被；注意避开滑坡、塌陷、滚石、泥石流等不良地质地段、烈度为7~9度的地震区、湿陷性黄土地区、膨胀土地区；亦应避开国家规定的风景区、自然保护区、历史文物古迹保护区、生活饮用水水源地卫生防护带内、有开采价值的矿床上、不能确保安全的水库、尾矿库、废料堆场的下方以及圈定的军事设施范围等。

3）满足卫生、防火、安全等有关技术规范。建、构筑物之间的间距应结合通风、防火、防震、防噪声等要求综合考虑，合理确定。在常年盛行风向的同一延长线附近，不宜布置有多个污染源的工业场地，避免各个场地的互相影响，对散发烟尘、有害气体的建、构筑物，应布置在工业场地和居住区常年最小频率风向的上风侧，并采取措施避免各个场地的相互影响。

（2）充分注重选矿厂工业场地的竖（纵）向布置。竖（纵）向布置应与平面布置统一考虑，并与场地外现有的和规划的运输线路、排水系统、场地标高等相协调。在满足生产、安全运输、排水、卫生等要求的同时，应注意全厂环境的立体空间美观。

1）在江、河、湖、海沿岸地带场地的设计标高，应高出设计水位加波浪侵袭高和壅水高，再加0.5m。矿井（含竖井、斜井、平硐等）的井口标高再加1m。当所在地区无计算洪水资料时，选矿厂的最低设计标高可采用调整核定的历史洪水位加0.5m进行设计。

2）选矿厂的竖向布置一般采用台阶式布置。台阶宽应满足建、构筑物和运输线路的布置、管线敷设、场地绿化和施工要求。台阶高度按生产工艺要求、物料运输联系、地形及地质条件等因素确定，以1~4m为宜，但不宜大于6m，当有特殊要求并能确保台阶稳定时，可适当提高。建、构筑物至边坡脚或挡土墙的最小净距宜为4m，困难条件下不得小于2m。

3）场地平整的土石方及地下工程余土的总填、挖量应力求平衡，此时工程费用最少。填、挖方边坡，填方压实，填方基底处理，填方土料要求等，应符合《工业与民用建筑地基基础设计规范》的有关规定。

4）场地排雨水，应根据场地工程地质条件与使用要求，可采用自然排水、明沟排水、暗沟（管）排水或混合排水方式。管沟出口段应与天然水道或原有排水系统衔接。建、构筑物周围场地的最小整平坡度不宜小于0.5%，最大不宜大于6%。

（3）管线综合布置合理：

1）管线综合布置应满足安全使用、维护检修和施工要求，并需满足最短敷设长度要求和扩建时所需的最小合理间距，见表8-1，并按地上、地下管线的具体规定敷设。与光缆等其他地下管线距离要求请查阅相关规范标准。

2）管线的敷设方式，应根据地区自然条件、管内介质的特性、空间利用的要求、道路宽度、施工和检修等因素确定。在符合技术、经济和安全的条件下，宜采用共架、共杆或共沟布置。

3）管线应与道路和建筑物平行敷设，干管应布置在靠近主要用户或支管较多的一侧，尽量减少管线之间、管线与运输线路间的交叉。当相互交叉时，宜成直角通过，在条件困难时，其交角不得小于45°。

4）各管线相互位置的关系应符合以下原则：有压力管线让自流管线，管径小管线让管径大管线，可弯曲管线让不可弯曲或难弯曲管线，无管沟管线让有管沟管线，新设计管线让原有管线，临时性管线让永久性管线，工程量小管线让工程量大管线，施工检修方便管线让施工检修困难管线。

表 8-1　管线（沟槽）与建（构）筑物等之间的水平最小净距离

名　称	管线类型		水平净距离/m
建筑物基础外缘	给水管	DN200 以下	1.0
		DN200 以上	3.0
	矿浆管		5.0
	电缆[1]		0.5
	燃气	压力≤0.4MPa	0.5
		0.4<压力≤0.8MPa	1.0
		0.8<压力≤1.6MPa	1.5
标准铁路中心线	矿浆管		5.0
窄轨铁路中心线	矿浆管		3.5
道路路肩边缘	矿浆管		1.0
地下管线外壁	矿浆管		1.5
地上管线支架基础外缘	矿浆管		2.0
人行道道面	矿浆管		0.5
地下开采区搓动界限	矿浆管		20.0

① 电缆要求埋深0.7m以上，强弱电不共槽，相互距离0.5m以上。

（4）满足交通运输要求。

1）厂外主要货物运输采用单一的运输方式为宜，必要时也可采用不同运输方式的联合运输，但必须处理好不同运输方式的衔接；厂内运输可采用多种运输方式，按计划在规定线路上均衡运输，应避免多次倒运，精简运输中转层次。

2）物料运输线路的布置要短捷、畅通，避免重复交叉，避免人流、货流线路相互干扰。厂内运输线路应符合《工业企业厂内运输安全规程》的规范；厂外运输线路应符合工业化《标准轨距铁路设计规范》和《厂矿道路设计规范》的规定。

3）装卸运输设备的选择类型与规格不宜过多，保证运输和装卸作业的连续性，确保企业的最小库存量及设施。

一般选矿厂道路的设计标准为路面宽度4.0m，沥青贯入碎石面层厚6cm，泥结碎石基层厚15cm，混铺块碎石低基层厚18cm。道路两侧设条石或混凝土平缘石，以保护路面不被破坏。厂区道路最小曲线半径10m，最大纵坡10%。

（5）合理进行绿化布置，加强环境保护。

1）绿化布置要与建、构筑物，道路，管线的布置统一考虑，充分发挥绿化在改善小气候、净化空气、防火防尘、美化环境方面的作用，新建厂绿化占地率不得小于30%，矿山与选矿厂以保护当地生态环境，减少植被破坏为主。

2）注意绿化结合生产，生产区的树木种植应不影响厂房的采光和通风要求，选矿厂周围已有树木和绿地应保留，空地及防护地带应绿化。

3）绿化植物的选择与建、构筑物的最小水平距离应符合有关规定，使绿化布置与建筑群体、空间环境协调一致，形成层次丰富、环境优美的景观。

（6）合理考虑发展和预留改、扩建用地。在处理近期建设和远期发展的关系上，应根据批准的可行性研究报告中有关发展的要求，本着远近结合、以近为主、近期集中、远期外围、自内向外、由近及远的原则进行布置，达到近期紧凑、远期合理，预留地应设在工业场地之外。对于改、扩建工程项目要在原有基础上挖潜革新、填空补实，正确处理好新建工程与原有工程之间的新老关系。本着“少花钱、多办事”和“充分利用、合理改造”的原则，通过全盘考虑，做出经济合理的远期规划布局和分期改、扩建设计。

8.2.3 总体布置相关重要指标

（1）单位产量用地面积（$m^2/(t \cdot d)$）= 厂区占地面积/选厂日生产精矿吨数。

（2）绿化占地率 =（绿化占地面积/厂区占地面积）× 100%。

选矿厂具有粉尘污染，绿化率要求大于30%。

（3）建筑系数(%) = ∑(建筑物 + 构筑物 + 装卸作业场地 + 露天堆场) 面积/厂区占地面积。

一般大中型选矿厂建筑系数不得低于22%，小型选矿厂或地形不规整的选矿工业场地，其建筑系数可适当降低，但不得低于18%~20%。

（4）厂区利用系数（%）与建筑系数计算不同之处在于除计算建、构筑物，有装卸设备的堆场等占地面积外，再加铁路、道路、管线等占地面积之和与厂区占地面积的百分比。

8.2.4 厂房布置方案

厂房布置方案就是按厂房的外形（即厂房配置的平面和剖面形式），在满足工艺流程要求、地形特点、施工技术条件下的布置方法。厂房布置方案分山坡式和平地式两种。山坡式布置在实现选矿厂工艺流程自流方面较经济，如破碎厂房的地形坡度为25°较好，主厂房的地形坡度为15°左右；平地式布置对地形坡度无严格要求，但为解决厂区排水问题，其厂区自然坡度以4°~5°为好。

厂房建筑形式有以下几种：

（1）多层式厂房。对地形坡度小于6°的平地和大于25°的陡坡地形，宜建造多层式厂房。平地地形的厂址，原矿仓设在地下，将原矿一次提升到足够的位置后借助重力，自流至各层加工处理；陡坡地形的厂址，原矿仓设在最高位置，而后按工艺流程由上至下逐层布置厂房，这样，厂房内机组之间的落差较大，因此，多用于物料自流坡度要求较大、流程中返回作业少的工艺过程。如破碎筛分厂、重介质选矿厂、洗煤厂及干式磁选厂。多层式厂房的优点是厂房占地面积小、操作联系方便；缺点是厂房高度大、结构复杂、基建费用大。

（2）单层阶梯式厂房。在15°~20°的山坡上，按工艺流程顺序，由高至低将厂房布置在几个台阶上。厂房的长度方向基本平行于地形等高线，各台阶的厂房均为单层厂房，设备安装在各台阶地面上。当台阶数不能满足布置厂房的场地数时，可沿等高线方向两端相邻场地布置厂房，进行横向联系，同时将物料流动线作相应的平行移动，并垂直于下一个台阶的厂房长度方向，即所谓的错台式竖向布置。优点是能确保选矿厂主矿流实现自流，厂房结构简单、造价低、厂房内无中间楼面、自然采光好，尤其是对大、中型浮选厂和以摇床为主的重选厂，厂房面积大显得更为合理；但在土地征用费昂贵的地区需权衡利弊。

（3）混合式厂房。设计中常用的布置形式。特别对处理多金属矿石的大、中型选矿厂，工艺流程复杂、地形条件利用有限时，采用混合式厂房尤为有利。一般将主要设备按单层阶梯式布置，返回物料量小的作业布置在多层式厂房内，既可减少占地面积，又方便生产管理。平缓地区可采用提升运输设备和多层式厂房，以实现选矿厂主矿流的自流布置。

8.3 车 间 配 置

8.3.1 设备配置

车间配置要完成工艺车间（厂房）内部设备布置，按工艺要求，根据地形、场地面积、厂房形式，设备外形尺寸、数量、总量、前后加工物料接口衔接关系，合理配置设备机组于各个平台，确定三维坐标（与定位线尺寸）。

8.3.1.1 设备配置的主要原则

（1）设备配置必须满足选矿工艺流程要求。即设备配置应严格按照工艺流程结构进行，保证工艺流程的正确性。

（2）确保工艺流程基本自流。即应尽可能地按物料流动方向和运输方式配置，实现或基本实现主矿流自流，不用或少用砂泵。这不仅可以节省电能和大量经营费用，而且还有利于作业稳定和生产正常。

自流溜槽及管道坡度推荐使用要求见表8-2。

表8-2 铁矿磁选厂内常用矿浆自流槽、自流管坡度值

名　称	矿石密度 /t·m^{-3}	矿石粒度 (-0.074mm)/%	矿浆浓度 /%	矿浆流量 /L·s^{-1}	自流槽、管坡度/%
一次球磨排矿 *	3.4~3.6	24~35	75~65	20~45	15~12
一次分级机返砂 *	3.4~3.6	8~10	85~75	8~28	36~33
一次分级机溢流	3.4~3.5	40~60	62~50	15~25	11~8
二次球磨排矿 *	3.7~3.8	40~60	50~40	22~45	14~10
二次分级机返砂 *	3.7~3.8	25~40	75~70	10~15	35~32
二次分级机溢流	3.6~3.7	80~90	20~15	55~83	6~4

续表 8-2

名　称	矿石密度 /t·m^{-3}	矿石粒度 (-0.074mm)/%	矿浆浓度 /%	矿浆流量 /L·s^{-1}	自流槽、管坡度/%
直线筛筛上返砂槽 *	3.4~3.6	8~10	85~75	8~28	36~33
直线筛筛下管槽	3.4~3.6	40~60	50~60	15~25	11~8
水力旋流器沉砂槽	3.4~3.6	25~40	75~70	10~15	35~32
磁选机精矿	4.3~4.4	60~75	45~35	15~20	12~14
	4.3~4.4	80~90	45~35	12~19	8~7
	4.3~4.4	80~90	45~35	4~12	9
磁选机尾矿	2.8~2.9	28~40	10~5	5~15	10~12
	2.8~2.9	35~50	7~2	11~45	5~3
细筛筛上溜槽	4.0~4.2	80~90	56~60	5~15	8~10
	4.3~4.4	90~95	20~15	5~15	8~7

注：1. 标“*”者生产要加冲洗水，否则易堵塞。
2. 以上数据不适用于钒钛磁铁矿选矿厂。

（3）配置时，除考虑其他专业设施留出必要的平面和空间位置外，力求配置紧凑，生产安全，操作、管理、检修方便。

（4）随着选矿厂自动化程度的提高和计算机在选矿过程中的应用，应协同相关专业考虑局部集中控制或中央集中控制。

8.3.1.2　各车间设备配置应符合下列规定

（1）厂房内空间布置应留有各种管道及电缆桥（吊）架的位置。主要操作通道地面不宜有管道通过。

（2）各层平台间的净空高度不应小于 2m。

（3）各平台吊装孔尺寸应大于被吊装部件外形尺寸 300mm，吊装孔应设栏杆或活动盖板加活动栏杆。

（4）厂房大门尺寸应大于设备及运输车辆的外形尺寸 400~500mm，特大型设备可不设专用大门，预留安装孔洞，设备安装后再封闭。

（5）起重机的轨面高度应保证吊起设备部件底面与其他设备间净空不小于 400mm，吊钩极限位置应保证其垂直工作，进操作室的平台标高宜低于操作室底面 200mm；地面操作的起重机应有通畅无阻的操作通道。

（6）湿式作业或灰尘较大的各层平台应具备冲洗条件，冲洗的污水通过导流系统排入厂内排污系统或回收系统。

（7）当矿石粒度小于 350mm 时卸料车下料矿仓口应设箅条和胶带密封，在操作卸料车一侧，每个仓应设 ϕ800mm 带盖板及直梯的人孔和 ϕ300mm 带盖板的观察孔，矿仓内应设照明。

（8）地下带式输送机通廊与地面交界处应设通行便门。

（9）主要车间宜设卫生间。操作室、更衣室应设洗手盆。

（10）噪声大的主要车间宜设隔音操作室。

（11）厂房内通道宽度应符合下列规定：

主要通道应为1.5~2.0m；局部操作通道应为1.0~1.2m；维修通道不应小于1.2m；带式输送机通廊宽度应符合国家现行有关标准的规定。

（12）手选带式输送机宽度不应超过1400mm，带速应小于0.25m/s，倾角应小于12°，操作点间距宜为1.5m，带宽大于800mm的应采用双侧操作。

（13）走梯、通道、人行便门的出入口不应设在车辆频繁通行地段。走梯倾角宜为45°以下。

标准设备具有准确的联结形式、规格和尺寸，设计者只需确定机组中非标准部件和构件的连接形式和尺寸，即可计算出该机组进、出矿流空间位置；然后结合厂房布置场地大小选择运输机械，并考虑操作条件和建筑标准，决定相邻两机组是配置在同一厂房还是分设厂房。

8.3.2 破碎筛分厂房配置

8.3.2.1 破碎筛分厂房配置一般配置原则

破碎筛分厂房配置主要参考教材《选矿厂设计》上的配置实例结合现场实际地形和配置特点。在绘制配置图时必须着重考虑以下几点：

（1）破碎车间的配置要善于利用地形，处理好粗、中、细碎的位置，特别是闭路返回胶带运输机机组的联结关系，力求做到紧凑，并使土建工程量不太大。

（2）必须满足矿石的自流坡度，对于干矿石溜槽，漏斗的坡度应大于45°~50°，对于湿的黏性矿石要大于60°~65°。

（3）要有看管方便之操作平台，对于大型破碎设备，从给矿到排矿止，有3~4层平台，平台层的高差应大于2.2m，此外要有上下联系之通道、梯子，吊装检修孔，栏杆等安全设施。

（4）破碎车间配置场地的面积，空间要为附属装置，如除尘装置、润滑系统、溶铅炉、锥体及存放检修台、电气控制等，留有适当的场所。

（5）在绘制破碎车间配制图时，应从平面考虑方案，从立面开始动手，然后再回到平面，平立面交叉配合进行绘图，先以每个机组开始，再将机组配合起来。

破碎筛分设备配置方案，根据厂址地形坡度归纳为3种：

1）横向配置方案，即物料流动线平行地形等高线；

2）纵向配置方案，即物料流动线垂直地形等高线；

3）混合配置方案，即横向配置与纵向配置并用。

前两种配置方案常用于开路破碎流程，后一种配置方案常用于闭路破碎流程。

通常原矿仓和破碎车间相连，粗碎和筛分各自单设厂房，中碎和细碎作业在同一厂房内完成，这样布置在一个厂房可以减少厂房的高度以及长度，同时节省建筑费用、方便控制。

粗破碎厂房：设置在相对较高的地方，由于选用旋回破碎机故而粗碎成品运输皮带标高与采场来矿标高相对比较大，为保证输送机角度，需提高粗破碎厂房标高。由于粗破碎电动机功率比较大，故应就近布置配电室。

中细碎厂房：不宜采用中细破碎与筛分设备布置在同一厂房内，与筛分独立厂房便于配置和改善生产条件。采用由胶带运输机给入中碎机，输送机可以变频调速，保证给矿均匀、连续。同时细碎矿仓顶部采用移动可逆带式输送机，在卸料方面更便利、可控。

筛分间布置：筛分矿仓的卸料方式与中细碎略同。筛分后的产品均由皮带机运输，充分考虑筛分设备筛网宽度，同时筛分间布置除尘系统，保证生产环境。筛分设备可以做封闭处理，制造封闭空间更有利于控制粉尘的污染，以及降低噪声。

干选室布置：满足运输机的提升最小角度要求，就近布置。干选的废石经带式输送机运至高位废石矿仓，仓下可以设计放矿阀门，可以汽运或者铁路运输。

8.3.2.2 破碎与筛分车间一般规定

（1）粗破碎采用颚式破碎机或500mm旋回破碎机时，宜采用给矿机连续给矿；采用900mm和大于900mm旋回破碎机时，宜采用挤满给矿。

（2）700mm旋回破碎机可采用给矿机连续给矿或挤满给矿；国外设备可参照上述相应规格。

（3）当矿石种类多，需要分别处理时，破碎筛分宜采用双系统配置。

（4）在旋回破碎机的检修场地和圆锥破碎机的厂房内，应依据设备台数设有竖直存放锥体的孔洞或支架。

（5）地下破碎设备布置的空间、跨距在满足生产要求的前提下，应紧凑布置，合理布置设备运输通道及通风、除尘和排污设施的位置。

（6）筛分车间宜单独设置厂房；中细破碎的破碎机不宜重叠布置。

（7）控制室宜设在便于观察主要工艺设备的位置。

（8）当带式输送机穿过检修场地或操作通道时，应设带式输送机的跨越走梯。

8.3.2.3 磨矿车间布置

磨矿仓与主厂房相连，仓下设置给料机，多用圆盘给料机均匀放矿，随时可控可调。仓内设计料位计，与主厂房自动控制系统相连接，间接控制矿仓上部卸矿车的行走。

（1）配置时应首先根据确定好的磨选系列数，按照磨选产品的不同浓度、粒度、密度、所需的自流坡度，选择主矿流，实现自流的配置高差，同时把磨矿分级与选别作业（粗、精、扫选作业）配置在不同的台阶（标高）上；配置在同一标高的磨矿分级机组要符合自流连结条件；选别设备在能满足流程要求的前提下，做到整齐、紧凑、便于操作，并具有改变流程的灵活性。

（2）磨矿选别车间（特别是浮选厂）一般在全车间铺设操作平台，并设有梯子栏杆，根据车间与外部运输设计的方式，在车间的一端、中间或两头留有检修场地，磨矿车间的检修场地在地面上，而选别车间的检修视其选别设备的类型可在平台上或地面进行。

（3）操作平台离地面的高度一般应大于2.3m，地面为便于排水应有5%~10%的坡度和排水沟，并设有沉沙池，回收矿砂，操作平台如是现浇混凝土地面亦应有1%~2%的排水坡度。

8.3.2.4 主厂房配置

磨矿矿仓、磨矿分级、选别以及联结三者的辅助设备和设施必须同时结合考虑。按厂房布置的地形分为平地式和山坡式两种配置方案。无论是浮选厂、磁选厂或重选厂主厂房的配置，一般多利用山坡台阶式布置厂房，即使是平地地形，为了矿浆自流，在磨矿厂房与选别厂房之间也要造成一定的坡度。磨矿设备多配置在单层厂房内，选别设备可配置在单层或多层厂房内。同时，由于磨矿分级设备是重型设备，选别设备是轻型设备，所以两者多配置在不同跨度的厂房内，以便采用不同起重量的吊车和厂房结构，以及保证矿浆自流。磨矿和磁选车间布置应尽量为矿浆自流创造条件。主厂房的布置尽量根据地形设置，选择15°左右的缓坡上，减少土方量，节约基建投资。选后的尾矿经矿浆泵至尾矿库，尾矿库一般设置在选厂下游，这样布置从高差到管道走向都比较顺畅。

（1）配置方案：

1）纵向配置，即磨机中心线与厂房纵向定位线互相垂直的配置（所谓厂房纵向定位线，即标注厂房或车间跨度的柱子中心线，下同）。这种配置是闭路磨矿常用的最佳方案。优点是配置整齐、操作和看管方便。它既适用于一段磨矿，也适用于两段磨矿，即将第二段磨矿机组与第一段磨矿机组配置在同一个台阶上（即同一个跨度内），以便共用检修吊车和检修场地。一段磨矿的分级机溢流用砂泵扬至第二段磨矿的分级机或旋流器给矿口。

2）横向配置，即磨矿机中心线与厂房纵向定位线互相平行的配置。它具有厂房跨度小的优点，但操作、管理上不及纵向配置方便，且厂房空间利用系数也低。

（2）配置要点与规定：

1）大、中、小型选矿厂，一般都采用纵向配置方案。主要优点是操作方便，有利矿浆自流及矿浆分配。

2）磨矿厂房长度尽量与选别厂房长度基本一致，如选别厂房过长，地形许可时，可考虑选别作纵向配置，或磨矿作横向配置。

3）多段磨矿的磨矿机既可配置在同一跨间内，也可配置在两个跨间内。配置在两个跨间内的优点是，若选别流程长，则矿浆输送距离短、高差小、生产成本低；若选别流程短，磨机台数不多，则配置在一个跨间内比较经济。

4）多系列磨矿要注意设备配置的同一性。即各系列设备从上至下相互平行对称配置。当各磨矿系列的矿石品位波动较大，或单一磨矿与多系列选别作业配置时，容易实现先集中磨矿产物，再分配至多系列选别作业选别。

5）磨矿矿仓的容量一般储矿为24h以上，当选矿厂规模小，或规模大并设有中间矿仓时可取。磨矿矿仓多采用圆柱形矿仓；若矿仓直径大，为了提高矿仓有效容积，仓底可增加卸矿口以减少矿仓死角。磨矿机给料常用胶带运输机，其角度不宜过大，一般应小于18°，胶带运输机的受料点应保持平稳，胶带运输机的长度取决于电子秤安装要求，受矿点至电子秤的最小距离，一般不应小于8m。为确保电子秤的精度，最好采用重锤尾部拉紧装置，使胶带保持一定的张力。

6）磨矿厂房的地面应有5%~10%的坡度，并设置良好的排污排砂及回收矿砂系统，以保证符合环境要求，减少金属流失。

7）钢球仓应设置在检修场地附近，并结合地形考虑运输方便。为改善清理钢球的条件，在检修场地应设置废球仓，以便及时装车外运。

8.3.2.5　*磨矿选别车间配制规定*

（1）磨矿机给矿带式输送机长度和角度应满足计量装置安装的要求。

（2）磨矿跨厂房应为单层结构，磨机应落地布置。

（3）磨矿介质（钢球、钢棒）储存池内壁应衬枕木，磨矿介质储量应为7~10d用量。

不同规格的磨矿介质应分仓存放。

（4）磨矿间检修场地内宜设废球仓，其位置应方便废球外运。

（5）磨矿介质宜采用机械添加。

（6）磨矿选别厂房中的值班室应采取隔声措施。

（7）大型磨机配用专用的更换衬板机械手时，应在厂房内留出机械手工作场地和停放场地；磨机更换衬板时，衬板的搬运宜由叉车来完成。

（8）使用有毒、有异味药剂或工艺过程产生大量蒸汽的车间，应设通风换气装置。

（9）寒冷地区磨矿选别厂房的采暖温度不宜低于15℃。

（10）磨矿跨地坪应保持5%~10%的坡度，选别跨地坪坡度不应小于3%。

（11）对封闭式浮选厂房，鼓风机宜设置在单独厂房内，大型鼓风机应设专门的检修设施。

（12）选别跨地沟坡度宜为3%~5%，宽度不应小于300mm，沟顶应设活动防护箅板。

（13）磨矿选别厂房内矿浆自流槽及管道坡度，应按物料粒度、密度和浓度确定。

（14）各层操作平台应具备冲洗条件。平台、孔洞边应设不低于100mm高的挡水堰，平台冲洗污水应有组织排放。

（15）泵池的矿浆储存时间不宜小于3min，并设高压冲洗水管和液位调节水管。

（16）排污泵坑应设冲洗沉砂的高压水龙头、液位控制启停装置，泵坑进浆口处应设格栅。

8.3.2.6　浮选厂房设备配置

（1）配置方案：

1）横向配置，即每列浮选机槽内矿浆流动线与厂房纵向定位线互相平行的配置。这种配置是浮选厂房常用方案，陡坡地形更为常用。当采用机械搅拌式浮选机时，大部分浮选机可配置在一个或几个台阶上。若用充气机械搅拌式浮选机时，在同一地面标高上，每个作业浮选机之间应留有300~600mm的自流高差，浮选机操作平台的高差也应随之相应变化。

2）纵向配置，即每列浮选机槽内矿浆流动线与厂房纵向定位线互相垂直的配置。这种配置是平地、或地形坡度小、或浮选机规格小的常用方案。若流程复杂、返回点多、中矿返回量大时，则厂内横向交错管道多、生产操作不方便；或地形坡度大（即陡坡），则土石方量大、基建费高。所以，纵向配置在选矿厂不常用。

（2）配置要点与规定：

1）为使矿浆流量符合浮选机允许的通过量，需要划分浮选系列，并与磨矿系列合理进行组合，特别是大、中型选矿厂。因此在主厂房配置时，应首先合理划分系列和作业区。作业区是由一个或几个系列组成，常见的组合是一对一，即一台磨矿机与一个浮选系列组合，它既利于操作调整、技术考查，也利于系列轮换检修。

2）每排浮选机的槽子数或总长度力求相等，当每排浮选机前设有搅拌槽时，其总长度（包括搅拌槽）应尽量相等。每排浮选机之间尚需配置砂泵时，砂泵机组应与搅拌槽相互对应，使行列配对整齐，以利于厂房面积的合理使用和操作看管方便。

3）浮选回路力争自流，回路变动应具灵活性。对几个作业的机械搅拌式浮选机（即XJK型浮选机），应配置在同一标高上，以利于同一作业的泡沫产物向前一作业返回，每排总槽数不能过多，否则，难以实现自流。如采用充气机械搅拌式浮选机，因泡沫产物设置了泡沫泵输送，则不受此限制，但为了保证槽内矿浆自流，每排浮选机的槽数也不能过多，而且每个作业之间应保持300~600mm的高差。

4）浮选回路中必须采用砂泵扬送时，应使泵的扬量、扬程最小。为节省砂泵数量，返回到同一地点的中间产物应使其汇集于适当地点，然后用泵集中返回。回路中应选用低扬程的泡沫泵或长轴泵以便减少能耗。

5）浮选机配置应便于操作及维修。泡沫槽宽度应根据浮选机规格、数量以及泡沫产率决定。双排配置的浮选机泡沫槽应相向对称（即泡沫槽对泡沫槽），三排配置的浮选机，其中靠柱子的一排浮选机泡沫槽不宜面向柱子。泡沫槽距操作台的高度，一般为600~800mm，最小不得低于300mm，泡沫槽宽度一般为150~500mm，泡沫槽始端的坡点宜低于浮选机泡沫溢流堰50mm以上，泡沫槽末端（包括溜槽接管在内）接管坡度可以小一些，因下一个作业浮选机进矿口有一定吸力，一般有1.5%的坡度即可。

6）浮选厂房内必须保证照明条件和检修吊车，以使操作人员观察泡沫情况和检修方便。检修吊车应根据浮选机的规格和台数选取。一般选用电动葫芦或电动单梁起重机。

7）浮选厂房内必须考虑给药设施位置。给药设施一般配置在高于浮选机的平台上，即常设置在浮选厂房的楼上，以保证药剂自流输送。药剂管道的坡度均不应小于3%，其架设路线不得妨碍浮选机的吊装检修。规模小的选矿厂多采用集中给药方式，规模大的选矿厂多采用集中制备与分散给药相结合的方式。如必须用泵输送时，管道布置应保证一定的倒流坡度。各种管道涂以不同的颜色以示区别，对剧毒及强腐蚀性药剂更应注意，严格遵守有关规定。

8）浮选机操作平台应设有排水孔洞，或制成格栅式盖板。地面应有3%~5%的坡度，以便冲洗地面，排污系统地沟应与全厂排污系统相适应。浮选机放矿应接引流管道排至事故放矿的泵池，以便回收。

9）取样系统应与生产流程相适应，在设置取样点的地方应留有足够的高差。

8.3.2.7 重选厂房的设备配置

重选厂由于处理物料密度差大、入选粒度较粗、流程结构复杂且多为阶段磨选流程、选别设备种类多、台数多（特别是细粒重选）、耗水量大、矿浆流量大、水回收设施复杂等特点，因此，设备配置比浮选厂和磁选厂的设备配置要复杂得多。

（1）配置方案。

1）单层阶梯式配置。与浮选厂的阶梯式配置一样，基本是按作业设备归类合并后配置在单层厂房内，实现物料自流。矿浆流向非常清楚，便于重型、大型、振动等设备的配置。对中小型选矿厂，尤其是处理砂矿的重选厂，鉴于其服务年限短、厂房结构简单、投资省、建设快，可从简建厂。厂房适宜的地形坡度，选细粒嵌布矿石时为10°~20°，选粗粒嵌布矿石时为20°~30°。这种配置的特点是占地面积大、地沟系统较复杂。

2）多层、单层阶梯式配置。这种配置用于两种情况：一是重选厂某些作业（如重介质旋流器分选作业）机组需要较大高差，要求将设备安装在有足够高度的楼层上，而有些作业的设备占地面积大、振动较强，宜采用单层阶梯式配置在地面上（如摇床）；二是因受场地限制，为减少占地面积，部分重量轻、振动小的设备，可配置在楼上，适宜地形坡度为15°~20°。

（2）配置要点。

1）结合地形特点，按流程要求和物料自流确定合理配置方案。分级与粗粒选别作业配置在较高处，细粒物料作业配置在较低处。除返回矿流外，尽量实现矿浆自流；将占地面积小、机体轻、振动强度不大的设备配置在上层，反之配置在下层或地面。

2）均匀给矿、均匀分矿，确保体积流量稳定、均衡，浓度、粒度稳定，对重选厂的设备配置是至关重要的。必须有良好的给矿和分矿设备、矿浆计量装置（即自动取样机），以及这些设备所需的高差。

3）中间产品输送泵，根据返回点多且分散的特点，应局部集中配置，不宜采用全厂大集中的方式，以免造成自流管、沟复杂化而使管理困难。选用砂泵种类，规格要少，少用或不用砂泵。根据需要选用变速泵，尽量不用地下吸入式砂泵配置，采用单泵配单管；同时要设置必需的检修设施和场地，以保证筛网、筛板、砂泵叶轮、泵壳等易损件的更换。

4）管路布置尽量减少弯曲，方便操作和检修，不得妨碍起重机运行。

5）地沟系统坡度的种类不宜过多，以便适应矿石性质波动和流程变动。地沟及溜槽宽度不小于300mm，坡度不宜过大，地沟拐弯应避免直角，入口处应设置格栅，地沟应敷设活动盖板或格板，以满足自流输送和便于清理维修，妥善安排好事故排浆系统。

6）摇床采用操作面相向配置，并特别注意整齐、紧凑，便于操作看管。

7）重选厂耗水量大，而且污染较小，需重视回水利用和回收设施。

8.3.2.8 *磁选厂房的设备配置*

随着永磁、强磁磁选机等新的高效设备不断出现，磁选流程更加简化，选别设备配置也简化。因此，常用湿式磁选厂的设备配置，基本上类同浮选厂的设备配置。有时它是联合流程中的一个选别循环，配置时可根据选用磁选机的类型、台数和附属设施，就近配置在厂房的某一跨间或单独跨间内。设备配置要点基本上也按浮选厂、重选厂的设备配置要求考虑。

8.3.2.9 *脱水厂房的设备配置*

精矿脱水是选矿工艺过程中的产品处理环节。精矿脱水作业常用浓缩、过滤两段脱水或浓缩、过滤、干燥三段脱水。精矿脱水段数的确定，取决于被脱水物料的性质（包括粒度、密度、浓度及物料表面的药剂影响等）和用户对精矿含水量的要求，以及高效浓缩机和全自动压滤机的推广应用。此外，精矿储存和运输方式与气候条件对脱水的段数也有影响。脱水厂房的设备配置，应根据已确定的脱水段数及选择的设备类型、台数、占地面积大小，结合地形条件做出不同的设备配置方案。

（1）配置方案。

浓缩机配置方案：

1）浓缩机和过滤机配置在厂房内，并与主厂房连为一体。这种配置方案，浓缩机的直径不要超过15m，否则厂房跨度过大而显得很不合理。它适用于精矿产量较少的中、小型选矿厂，或贵金属与稀有金属选矿厂，尤其是在高寒地区更具有防冻的优点。

2）浓缩机配置在露天，过滤机与精矿仓按单层阶梯式配置在厂房内。主要特点是，浓缩机底流可自流到过滤机，过滤机的滤饼可直接卸入精矿仓。生产作业线短、操作方便、配置紧凑，多见于中、小型有色金属选矿厂。当地形条件不能满足自流时，浓缩机底流用砂泵扬送至配置在楼上的过滤机，滤饼直接卸入精矿仓，真空泵、压风机等布置在楼下。后者多用于精矿量较大的大中型选矿厂。

干燥机配置方案：

1）干燥机与过滤机配置在同一厂房内，过滤机安装在楼上，干燥机安装在楼下，干燥后的精矿用胶带运输机转运至精矿仓。

2）干燥机安装在独立两层厂房的楼上，精矿仓设置在楼下，干燥后的精矿直接卸入精矿仓。

（2）配置要点。

根据确定的脱水作业段数及其相应选择的设备台数与占地面积大小，结合地形、精矿仓与外部运输方式选择配置方案。

采用两段脱水的配置，一般是利用地形适合的坡度按流程的顺序依次从高至低安装浓缩机、过滤机，让浓缩机排矿自流入过滤机，如无地形坡度可用，可将过滤机安装在高于浓缩机的位置，经浓缩的产物可用砂泵送到过滤机。

露天设置的浓缩机，应采用地下或半地下式安装，以节省土建费用，但应适当高出地面以免污染和防止安全事故的发生。其底部排矿口不应少于两个，扬送浓缩精矿的砂泵必须配有备用机组，不得少于两台。

1）浓缩机位置应与主厂房精矿排出管位置相适应，最好紧接主厂房，以免弯管过多，保证自流时管长最短，并以露天配置为主。山坡建厂多采用半地下式配置，底部排矿口不应少于两个。当浓缩机泵房建在地下时，为减少地下深度，浓缩机排出管可考虑直接与泵进口相接，取消泵池所占高差；泵房污水应设置专用泵排出送至浓缩机给矿箱，地下泵房应配置良好的检修设备。

2）过滤机前应设置调节闸阀或缓冲槽，以保证给矿均匀稳定。楼板或操作台地面应低于矿浆槽顶边，地面应有3%左右的坡度。当采用活塞式真空泵时，必须严格防止气水分离器中滤液窜入真空泵活塞缸中，气水分离器高度必须大于1.5m，如用滤液泵联通气压管取代水封箱，则气水分离器可降低高度安装，对水环式真空泵不用考虑防止真空泵进水的问题。当采用水喷射泵时，喷射泵的尾管高度必须大于1.0m，水箱、风包及水泵位置应相互适应，真空罐高度应留有放水阀的位置，喷射泵尾管应与水箱保持垂直，以防止气体与水射流直接冲击管壁，风包位置不宜距水箱过远，以减少管路损失。

3）对两段脱水流程，滤饼最好直接卸入精矿仓；对三段脱水流程，滤饼最好直接卸入干燥机。

4）干燥厂房内应留有通风、收尘、干燥产品堆存的场地。当采用原煤为燃料时，应考虑相应的供煤设施，如煤仓、给煤装置等，还应考虑排灰渣设施。针对干燥厂房内烟气较大的特点，还必须加强通风防尘和收尘措施。

5）精矿仓与精矿包装场地应与装车方式结合考虑，尽量减少二次运输。对含水少而又松散的物料，可采用高架式装车仓装车。对含水大于8%而又较黏的物料，则以抓斗仓为宜。水分为4%左右的干燥后精矿，一般应采取装袋或装桶后外运。

6）精矿出厂前应设置计量设备及相关的取样检测仪表。地中衡、电子秤、取样机等设备，应按操作过程选定设置位置。

7）对价格昂贵的精矿，设计中应考虑较完善的回收系统。浓缩机溢流应设置回收细粒精矿的沉淀池；过滤机地面的排污应与滤液返回设施合并；收尘系统排出的气体不允许含有过量精矿粉。

8）对于粒度较细的产品，可应用自动压滤机、陶瓷过滤机等新设备，以便降低滤饼水分。

（3）精矿脱水车间应符合下列规定：

1）选用弱磁选机作为浓缩设备时，宜与过滤机组成机组。

2）精矿矿浆宜自流给入浓缩机。

3）选用斜板浓密箱浓缩时，设备应靠近过滤间。

4）浓缩池底部排矿口不应少于两个，并应设高压冲洗水。

5）地下浓缩池到泵站通廊的净空高度不得小于2.2m，宽度应符合通行和维修管道的要求，通廊地坪坡度不应小于5%，并应设通风、排水设施。

6）浓缩池溢流槽出口应安装隔渣筛网；浮选精矿浓缩在溢流堰内侧应设泡沫挡板。

7）浓缩池池壁顶面与地面高差不宜小于800mm。

8）当采用陶瓷过滤机时，应有酸洗剂的存储与输送的设施。

9）全部地沟的坡度不应小于3%。

10）过滤机应有检修放矿、溢流回收设施，并输送至过滤前的浓缩作业。

11）鼓风管网宜采用并联方式。

8.3.3 检修场地、通道和操作平台

8.3.3.1 检修场地

检修场地一般设在厂房与外部运输通道相连接的一端，运输车辆可直接进入厂内吊车服务区间，只有少数厂房设于中部或两端。场地主要用于检修、堆存设备零部件及某些检修工具。破碎、筛分车间检修场地长度表见表8-3。

表8-3 破碎、筛分车间检修场地长度表

设备名称	设备规格/mm	台数/台	检修场地长/m
旋回破碎机	500~700	1~2	6~12
	900~1400	1~2	18~30
颚式破碎机	400×600~900×1200	1~2	6
	1200×1500~1500×2100	1~2	12
圆锥破碎机	ϕ900~1750	1~2	6~12
	ϕ1750~2200	2~4	12~24
振动筛	1500×3600~2400×6000	2~6	6~18

8.3.3.2 通道和操作台

为满足生产和方便操作及安全，在厂房内应设置必要的通道、操作平台，留出设备安装及零部件吊运孔洞等。设置时应做到既经济，又满足生产与安全需要的面积和高度。

厂房主要大门及通道位置设于检修场地一端，门宽应大于设备及运输车辆最大外形尺

寸400~500mm；当设备比较大、不经常更换时，不设专用大门，在墙上预留安装洞，洞宽最好与柱间尺寸相同，洞高大于拖车运组装件最高点400~500mm，设备安装完毕后再封闭；为解决多层建筑中设备或零部件的运输，各层楼板应留有必要的安装孔，开孔尺寸应大于设备及零部件外形尺寸400~500mm；对利用率较高的安装孔周围应设置安全栏杆；栏杆可设计成活动式，利用率低的安装孔应设置活动盖板，以利于生产安全和厂房采暖；安装临时起重设备的地方，应留有足够的高度和面积，厂房结构应有足够强度，以满足安装临时起重设备的需要。

选矿厂各层操作平台的设置，应以设备操作、检修、维护时拆卸安装方便为原则。当同一位置或同机组需要设置几层操作平台时，层间净高高度一般不应小于2m；上层平台不可妨碍下层设备的操作和吊装检修；平台的面积大小和形状应满足生产操作和检修，临时放置必要的检修部件及工具所需的面积。厂内主要通道的宽度至少1.5m。

8.3.4 选厂生产过程简述

一般作为单独一章来撰写，把工艺特点、工艺过程和所用设备均按工艺顺序叙述一遍。目的在于让读者整体了解选矿厂的工艺全过程。描述时注意加上重要的参数说明，如磨矿细度、精矿和尾矿工艺指标、设备型号与台数。

8.4 建　筑

选矿厂建筑设计的基本依据为：

（1）根据选矿厂区的自然条件（气候、地质、地貌等）、生产特性及各车间对建筑之要求的描述。

（2）选定主要生产车间、辅助生产车间以及生活福利设施等建筑物的结构。

（3）根据《冶金工业矿山建设工程预算定额》有关建筑面积和构筑物容积计算规则计算：

1）主要生产厂房建筑面积和工艺构筑物造价（投资），根据设计的各车间设备配置图纸计算建筑面积并乘以单位建筑面积造价（元/m^2）估算构筑物和工业厂房的建筑投资。

2）选矿厂的生活居住及福利设施等建筑物投资，按国家对工矿企业综合建筑指标计算，即选厂每一个在册职工享有的平均综合建筑指标为24m^2（基本职工住宅和设在居民区的一切配套福利设施），乘以选厂在册职工总数，再乘以当地有关部门提供的单位建筑面积造价（元/m^2）。

3）辅助生产车间及设施的建筑面积、投资均包括在内。

9 工程概算与技术经济分析

9.1 设计任务与内容

9.1.1 设计任务

在工程设计时，必须把经济作为与技术性能、工程进度同等重要的因素予以高度重视。实践证明，加强设计的经济分析和概预算工作，是提高工程建设速度和经济效益的重要措施。设计人员应加强经济观念，把技术和经济密切结合起来。进行工程经济分析的目的是，在给定的费用约束条件下，设计出性能最好的工程，或者在给定需求性能下，使工程的费用最低。最终设计出费用-效益最佳的工程。

从广义讲，经济评价的任务是，对国民经济所有部门的生产技术方案、工程项目的勘探、设计进行经济效益的科学计算、分析和论证。其范围包含微观经济和宏观经济，研究的方法不局限于技术本身的效果，而是要研究技术与经济之间的联系，从技术与经济的关系中，找出技术上先进、经济上合理的设计方案。

一般来说，生产规模不大、对国民经济影响甚微的项目，只做微观经济评价，即企业经济评价。根据有关规定，经济评价不可行的设计项目是不允许施工建设的，否则会对社会造成严重的损失和浪费。本章重点是对拟建选厂的固定资产投资、资金筹措、生产成本、利润进行估算。经济评价指标采用静态投资回收期和投资利润率。编制的模式和详细内容及深度可参阅有关的工业企业经济专著。

工程概算是控制建设项目基建投资、提供投资效果评价、编制固定资产投资计划、筹措资金、施工招标和实行投资大包干的主要依据，也是控制施工图预算的主要基础。编制工程概算要严格执行国家有关方针政策，如实反映工程所在地的建设条件和施工条件，正确选用材料单价、概算指标、设备价格和各种费率。

选矿专业设计人员在初步设计接近完成时，最后一项工作就是编制选矿专业单位工程概算和技术经济分析。在选矿厂设计、施工和建设中，根据有关规定，初步设计阶段必须编制总概算；施工图设计阶段，必须编制施工预算。对技术简单的建设工程，设计方案确定后就做施工图设计的选矿厂，必须编制施工图预算。概算和预算由设计单位承担。竣工验收投产后的工程决算由生产单位负责编制，设计单位参加。

初步设计的总概算经批准后，既是控制和确定建设项目投资的依据，也是控制建设总投资、提供投资效果评价、编制固定资产投资计划、筹措资金、施工招标的依据，还是控制施工图设计编制预算的基础。

工程概算指破碎、筛分、主厂房、精矿处理等生产车间以及试验室、化验室等各单项工程费用中的单位工程概算。

技术经济分析包括精矿成本、融资方案、投资收益、现金流量平衡、债务平衡、风险性分析等。经济分析方法包括静态评价法、动态评价法及不确定性分析。

毕业设计需完成选矿专业单位工程概算、精矿成本计算、劳动定员及劳动生产率计算、主要经济技术指标表编制。

9.1.2 设计内容

9.1.2.1 设计说明书

这一章标题为“选矿厂技术经济分析”，需完成三项工作：

其一为选矿厂选矿专业部分的单位工程概算。主要是“设备及安装工程概算表”，内容包括选矿工艺设备、金属结构件和工艺管道三个部分的概算。

其二是劳动定员编制、劳动生产率计算。选矿厂设计的劳动定员，应根据国家有关部门制定的劳动人事政策和规定，结合具体生产特点和条件进行编制。选矿专业一般只负责编制选矿厂工人的岗位定员。包括直接从事工业生产的工人和辅助生产工人。对其余各类人员的定编可参照类似企业中占生产工人的比例确定。

其三是选矿厂经济评价与分析。经济评价可通过评价指标体现，编制精矿设计成本表、选矿厂设计的主要技术经济指标表，对工程设计项目的可行性进行全面的比较。

9.1.2.2 注意的问题

（1）数据的真实可靠性。毕业设计的同学往往对这部分内容重视不足，编制的数据表基本都是“编”，没有“制”。真实的数据来自实习，所以要重视实习时对资料的主动收集和询问。

（2）明显不合理的数据自己发现不了，大多数问题出现的原因是没有认真检查和思考。

（3）对当前国内外市场加以关注，现在获取信息的渠道很多，且容易实现，如微信的铁矿网等公众号。

9.2 经济效益指标和计算方法

（1）工程设计中的经济效益指标选取说明。效益指标是评价设计项目经济效益的依据。工程上一般选用设计成本、劳动生产率、总投资和单位固定资产投资，以及静态或动态投资效果指标等，说明拟建工程项目的经济效益。

（2）编制选矿厂设计综合技术经济指标。在选矿厂设计中因涉及的专业多，对复杂的设计方案进行全面技术经济分析时，必须对设计方案做全面的比较，采用综合的技术经济指标进行分析，即用表格形式，将项目主要经济指标、技术指标综合后以数量或质量、实物量或货币的形式表达出来，使查阅者通过此表就能了解项目的概貌。通常将此表附于初步设计说明书的总论末尾。

综合后选厂设计的主要技术经济指标，既能完整概括设计各有关专业的主要指标，又能简明扼要描绘出项目的概貌的特点。同时，为使指标概念确切，一律采用国家统一颁布的法定计量单位。

（3）选矿专业技术经济指标计算的基础资料：

1）选矿厂设计工艺流程图、选厂综合处理能力及各车间的处理能力，工作制度和产品的产量及质量指标。

2）选厂原矿加工成本和精矿设计成本的计算，参看第9.5节。

3）选矿厂按车间或厂房绘制的工艺厂房联系图和设备配置图。并汇总全厂设备（包括标准及金属结构件管道，零件）的重量，安装功率、运转功率及设备总价值。

4）列表汇总全厂各子项工程厂房、构筑物的建筑面积、总价值。其单位面积和容积造价均应以建设项目地方现行价为准。

5）劳动定员。选矿厂设计的劳动定员，应根据国家有关部门制定的劳动人事政策和规定，结合具体生产特点和条件进行编制。

对拟建选矿厂初步技术方案进行的综合评价称为企业经济评价中企业财务评价。它不考虑与相关部门的影响，只按现行价格、汇率计算税收、利息，并按现行银行借贷利率计算。因此，评价方案是否可行，单用劳动生产率一个指标难以做出结论，必须用一系列综合性的指标，才能较好地评价拟建选矿厂的企业、社会效益。

（4）技术经济评价最主要的综合经济指标。包括投资总额、单位产品投资、投资收回期、单位产品成本、企业年利润总额以及静态的投资利润率、动态的净现值、财务内部收益率等。

9.3　劳动定员

工业企业职工按国家规定划分为工人、工程技术人员、管理人员、学徒其他人员等六类。设计中简化为生产工人、工程技术人员、管理人员及服务性人员。

（1）生产工人。指在选厂内直接从事生产的岗位操作工以及从事厂外供水、供热、运输、房屋维修的工人，生产工段中的勤杂人员，但不包括服务性人员中的工人。该类人员按表9-1选厂劳动定员明细表格式定编。

表9-1　选厂劳动定员明细表

序号	工作岗位	实际定员定额标准			合计人数/人	在册系数/%	在册人数/人	备注
		一班	二班	三班				
1	2	3	4	5	6	7	8	9

注：1. 选矿厂的生产工人劳动定员按在册人数计算。

2. 在册人数＝出勤人数×在册系数。

3. 在册系数＝全年工作总日数/每个职工全年实际出勤日数。

在册系数是根据采用的工作制度和职工的正常出勤率确定，与采用的工作班次无关。选矿厂的工作制度有连续工作制（一年工作365天）和间断工作制（星期日及法定假日停产休息）两种。在工人出勤率为92%~94%的情况下，连续工作制的在册人员系数取1.26~1.28，间断工作制取1.06~1.08。在册人数均应按各个工段不同工种的定员人数分别计算。管理人员和服务人员不考虑在册人员系数。

（2）工程技术人员。指在选矿厂职能机构和生产工段中担负技术工作的人员，包括已取得技术职称主管生产的厂长、车间主任以及计划生产、工程管理、机动能源、安全技术、质量检查、运输、调度、科研、环境保护等单位工作的技术人员。约占定编生产工人总数的15%。

（3）管理人员。指在选矿厂职能机构和生产工段中从事行政福利、经营财务、劳动工资及人事教育管理工作，亦包括从事党群政治工作的人员。约占生产工人总数的10%~12%。

（4）服务人员。指从事选厂职工生活福利工作和间接服务于生产的人员。包括文教卫生、生活福利、消防、住宅管理与维修以及文秘、通信、清扫、门卫、行政和维修等部门的工作人员。约占生产工人人数的10%~13%。

（5）劳动生产率。指劳动者在一定时间内创造出一定数量的合格产品的能力。即产品数量与所消耗的劳动时间的比例，通常称效率。效率越高经济效果就越好，越能全面反映企业的生产技术水平和管理水平，是一个综合性指标。

选矿厂劳动生产率指标有以实物单位表示的产量效率，以货币单位表示的产值效率。有选厂全员原矿（精矿）劳动生产率、生产工人劳动生产率、选厂全员劳动产值效率、生产工人劳动产值效率等几种算法。

劳动生产率的综合性，反映在选厂的生产规模、工艺特点、工序繁简、装备水平、自动化程度和操作及管理水平等。一般应以新设计选矿厂的劳动生产率指标，与类似选矿厂的设计生产的劳动生产率指标进行对比分析。

9.4　工程概算

根据工程概算的结构形式和功能范围不同，工程概算由单位工程概算、综合概算和总概算等部分组成。

单位工程概算。从工程概算结构形式看出，单位工程概算是单项（即子项）工程概算的组成部分，是编制综合概算的原始资料。根据概算编制要求，单项工程设计者单独编制本专业的单位工程概算，然后送交概算专业人员汇总。选矿专业人员只编制选矿专业的单位工程概算。

综合概算。综合概算是各专业单位工程概算的汇总，即选矿、土建、供排水、供电等专业单位工程概算的汇总。它是编制总概算的基础。它的项目编制齐全、费用开列详细，便于投资决策者查阅和分析各项基建投资的组合情况。凡是独立设计的建设项目，都必须由概算专业人员编制综合概算。

总概算。总概算是按基建费用的性质和用途，分项汇总的工程概算价值表。它概括了从项目筹建到竣工验收的全部费用。由于总概算项目简明扼要，费用用途清楚，故便于投资决策者掌握基建工程投资去向。凡属于独立设计的建设项目，如矿山企业或选矿厂，都必须由概算专业人员编制总概算。

精矿成本是反映企业生产劳动消耗水平的一项综合性经济指标，是评价基本建设项目经济效果的基础数据。凡列入产品方案的商品产品，应分别编制精矿设计成本和精矿销售成本。精矿设计成本是指选矿厂达到设计规模的正常生产成本。若条件有显著差别时（如矿石品种、原矿品位、可选性、工艺流程及矿石量等），应根据变化分别进行成本计算。

采选联合企业的选矿厂，只编制选矿车间成本。独立选矿厂应编制精矿设计成本和精矿销售成本。并列出其中选矿车间成本（即选矿加工费）。对大、中型选矿厂应单独计算尾矿输送费，以便考核选矿本身的成本。

9.4.1 投资费用的划分

企业进行产品生产时，除劳动力外，还必须具备生产资料。生产资料是人们从事物质资料生产所必需的物质条件，它包括劳动资料和劳动对象，二者在生产过程中起着不同的作用，人们通过劳动资料作用于劳动对象，生产出各种产品满足社会需要。生产资料的货币形式表现为两部分资金。

（1）固定资产资金。企业进行生产的劳动资料主要包括建筑物、构筑物、机器设备及运输工具等。它们在多次反复的生产过程中并不丧失其实物形态，而是逐渐磨损失去原有的性能，失去部分的价值逐步转移到产品的价值中，通过产品成本中折旧基金的计算而得到补偿。其余部门的价值则在较长的生产期中，仍固定于实物形态内，故称固定资产，其货币形态一般称做固定资产资金。在未提取折旧基金前，就是建设一个拟建项目所需的资金，也是拟建项目初步设计固定资产的总投资。

（2）企业流动资金。生产的劳动对象主要包括原料（矿石）、辅助材料、备品备件和在制品（精矿）以及货币资金等。它们在生产和流通过程中不断地改变其实物形态、物理化学性能或数量，并在一个生产期内消耗掉，将其真实价值转移到产品中去。因其周期较短，故称为流动资产，其货币表现称企业流动资金。它是经营该企业生产所需的必要资金。

流动资金按国家管理办法分为定额流动资金和非定额流动资金。定额流动资金包括生产领域中的全部资金和流通领域中的库存产品、外购商品占压资金，在数量上是比较稳定的，可以根据企业的生产任务、消耗水平和供销条件来确定。非定额流动资金，指发出商品结算资金和货币资金，数量不够稳定难以确定经常占用量，在整个流通资金中占比例较小。因此，新建项目设计中只计算定额流动资金。为简化定额流动资金需要量的确定，一般按定额流动资金占销售收入的20%~30%计算。

（3）拟建项目总投资。按规定项目总投资包括固定资产投资、流动资金和建设期贷款应付的利息。

9.4.2 固定资产投资总概算

固定资产投资总概算应包括从项目筹建到竣工验收的全部费用，要体现投产的完整性和合理性。概算的编制要严格执行国家有关方针、政策，如实反映工程所在地的建设条件和施工条件，正确选用材料、工程量的概算指标、设备价格及各种费率，并根据有关部门发布的物价指数进行必要的调整。

9.4.2.1 总概算

凡属独立的设计建设项目，如独立的选厂，都必须由概算专业人员编制总概算，文件包括：

（1）编制说明书。扼要说明工程概况、编制依据、概算编制范围、选用定额指标、价目、费用的依据、非标准设备估价方法、投资分析、存在问题及其他必要说明。

（2）总概算表。它是按基建费用的性质和用途分项汇总起来的工程概算价值总表，规定的格式见表9-2。

表9-2 总概算表

序号	工程费用名称	概算价值/万元						技术经济指标		占投资总额/%
		建筑工程费用	设备购置费用	安装工程费用	工器具及生产家具费	其他费用	总价值	数量单位	单价	
1	2	3	4	5	6	7	8	9	10	11

此表是以车间或相当的工段为项目，在单项工程综合概算的基础上汇总成拟建选矿厂的工程总概算表。同样，各单项工程综合概算表又是在有关专业编制设备及安装工程、建筑等单位工程概算的基础上编制的。因此，各有关专业编制的单位工程概算，是编制固定资产总投产概算的基础。由于总概算项目简明扼要、费用用途清楚，便于投资决定者掌握基建工程投资去向，因此，概算书中都必须提交此表。

9.4.2.2 总概算项目名称及概算价值

（1）总概算表中项目名称及概算价值。第一部分的工程费用包括：

1）主要生产项目内的破碎车间工程、主厂房工程、产品脱水工程、尾矿设施及环境保护工程、选矿厂辅助生产工程。

2）选矿厂公用工程项目内的给排水单项工程、供电及电信工程、总体布置工程等。

3）服务性工程项目内的厂部办公室、食堂、汽车库、消防车库、浴室、收发、警卫室等。

4）生活福利工程项目内的职工住宅区、俱乐部、医院、幼儿园、托儿所、学校及其他相应生活设施。

第二部分为其他工程费用，即不能直接进入工程的费用。依次为预备费、建设期货款利息、基建副产品价值等五大项目。

（2）按项目工程投资构成。建筑工程费、设备购置费、安装工程费、工器具及生产家具费、其他费用的概算价值。

9.4.3 选矿专业单位工程概算的编制

在总概算表中由选矿专业编制的工程概算，包括编制选矿厂主要生产工程项目内各单项工程的设备购置与安装工程单位工程概算。

（1）工艺设备概算价值。设计设备购置费的单位工程量，依据设计编制的设备明细表、工艺金属构件和工艺管道计算书确定。

$$设备购置费用 = 设备原价 + 设备运杂费$$

式中，设备原价为标准设备价值、非标准设备价值、金属结构件和工艺管道价值四项之和。

1）标准设备价值按制造厂最后年度定价，或按现行机电产品出产目录中的价目。

2）非标准设备价值。凡未定型、需要单独设计和特殊订货的设备均属非标准设备。其价值应进行专门的估算。即根据成套非标准设备净重“吨”数乘以相应的估价指标计算。估价指标为元/t，可参照表 9-3 选取（或参照厂家的市场价）。

表 9-3　非标准设备参考估价指标

设 备 类 别	单　位	估价指标/元・t^{-1}
一般钢结构设备	t	6250~7500
普通起重机	t	8100~10000
带式输送机	t	12500

注：此表根据《选矿设计手册》的估价指标，按 1993 年上半年钢材市场价和大量标准设备计价项目、内容办法与费用组成估算。表 9-4~表 9-6 同样。

3）金属结构件价值。

$$金属结构件价值 = 金属结构件重量(或木结构体积) \times 单价$$

式中，金属结构件重量应根据初步设计图纸，或参考类似企业实际指标和扩大指标确定。选矿厂工艺金属结构件估重扩大指标见表 9-4，参考单价见表 9-5。

表 9-4　工艺金属结构件估重扩大指标

项　目	选矿厂规模	
	大、中型	小　型
金属结构件重量占标准设备重量/%	5~8	7~9

表 9-5　工艺金属结构件参考单价

名　称	单位	参考单价	名　称	单位	参考单价
漏斗	元/t	4000	矿浆分配器	元/t	6250
螺旋溜槽	元/t	6750	缓冲槽	元/t	6750
支架	元/t	3750	电动机滑座	元/t	3900
各种导轮、叶轮	元/t	4250	管座及伸缩接头	元/t	4000
固定筛	元/t	6250			

4）工艺管道价值。

$$工艺管道价值 = 管道价格 + 管道零件(安装及间接)费率$$

式中，管道价格按所在单项工程的设备原价 2%~2.5%进行估价；管道零件费率亦按表 9-6 的所在单项工程设备原价的百分率估算。

表 9-6　工艺管道零件费率

车间名称	不同生产工艺管道零件费率/%		
	磁选	浮选	重选
主厂房	0.3	1.35	0.45
精矿过滤	0.55	0.34	0.55

5）设备运杂费。国内设备运杂费，包括从设备制造厂或调拨设备调出单位的发货仓库（或堆场）算起至施工现场仓库（或存放地点）发生的包装费、运输费、装卸费、整理费、供销手续费、保管费、保养费（设备管理费）等费用。

设备运杂费 = 设备原价 × 运杂费率

国内设备运杂费率参考表 9-7 选用。

表 9-7 国内设备运杂费率

序号	工程所在地区	设备运输杂费率/%
1	北京、天津、上海、辽宁、吉林	4
2	黑龙江、江苏、浙江、河北	4.5
3	内蒙古、山西、安徽、山东	5
4	湖北、江西、河南	5.5
5	湖南、福建、陕西	6
6	广东、宁夏	6.5
7	甘肃、四川、广西	7
8	云南、贵州、青海	8
9	新疆、西藏	10
10	海南	15

注：1. 对于地处偏僻，远离铁路运输线的矿山基建项目可以按上述费率适当增加 0.5%~1%；

2. 自制及库存设备运输杂费率可取 0.5%。

（2）设备安装工程费。

设备安装工程费 = 安装设备原价 × 设备安装间接费率

安装工程费包括设备机体安装、附属设备（电动机、减速机等）安装，以及单机试运转电耗、工资和辅助材料消耗的费用，但不包括设备安装建筑工程部门的费用，如设备基础及二次灌浆、设备内衬等。

设备安装间接费率（%）由表 9-8 选取。

表 9-8 设备安装间接费率

工程类别	设备名称	费率/%	应用范围
破碎筛分厂	破碎、筛分、卸矿、储矿、起重运输等	2~2.5	独立筛分厂、采矿场破碎筛分站
选矿厂	破碎、选矿及其他辅助设备	3	小型选矿厂
		2.8	中型选矿厂
		2.5	大型选矿厂
独立试验室		4.4	

（3）建筑工程费用的概算价值。建筑工程单位工程量，根据初步设计各单项工程设备配置图统计编制的建筑厂房面积和构筑物容积确定。建筑面积的计算，有色金属矿选矿厂按《有色金属工业工程建设定额指标》中的建筑面积计算规则计算。

建筑工程概算价值为：

$$\sum \text{厂房建筑面积} \times \text{单位建筑面积造价}(\text{元}/\text{m}^2) + \sum \text{构筑物体积} \times \text{单位体积造价}(\text{元}/\text{m}^3)$$

式中，单位建筑面积造价和单位体积造价等扩大概算指标需按当地规定指标。

（4）工器具及生产家具购置费。指新建项目为保证初期正常生产必须购置的第一套不够固定资产标准的设备工具等费用。

此项费用在编制总概算时因占固定资产费用的比例很小，可忽略不计。

（5）工程费用中其他项目费用：

1）辅助生产工程概算价值。应按选矿厂所设生产、辅助设施各项工程内容，逐项计算投资费；亦可根据类似企业中单项工程占主要生产项目投资百分数的扩大指标计算（参看《选矿设计手册》投资扩大指标实例）。

2）尾矿设施及环境保护工程概算价值。同样参考类似选矿厂的投资比例计算。

3）公用工程项目概算价值。包括了选矿厂外部的供排水设施工程、供电工程（不包括厂内的动力配电）、总体布置工程等。应该由相关专业编制综合概算，最后汇总于总概算书。计算时，可直接套用类似选矿厂的各工程投资占主要工程费用的比例来计算。

4）服务性及生活福利工程项目概算价值。该两项工程的投资比例难以借鉴类似企业的投资比例，新设计选矿厂可按厂矿企业民用建筑每一职工 $24m^2$ 的综合指标设计。该综合指标包括了服务性及生活福利工程的各项建筑面积。故该项目概算价值等于全厂在册人数乘以 $24m^2$，再乘单位平方米造价。

（6）其他工程费用。包括：建设单位管理费、征用土地及迁移补偿费、场地平整费、勘察设计费、工器具和备品备件购置费、样机样品购置费、办公和生活用具购置费、科学研究试验费、生产职工培训费、施工机构迁移费、山区施工增加费、流动施工津贴、临时设施费、冬季施工津贴、地方建筑材料发展费、联合试车费、建设场地完工清理费、厂区场地绿化费、法定利润、技术装备等 20 多项费用。一般根据建设中实际发生费用列项，并按主管部门规定的分项费用指标逐项计算相加列入相应的费用栏内。也可按占第一部分工程费用之和的 15%~20%估算，并列入其他费用项目栏。

（7）预备费基建项目名称第三部分的预备费，是为调整初步设计中不可预见的零星工程，可能发生的设计修改，材料代用和差值费用预留。此项费用可按工程费用中的第一、第二两部分之和的 5%~8%计算，列入总价值栏内。

（8）基建副产品冲销费。基建期若无副产品或其他收入则不做计算。

9.5 选矿厂产品设计成本

产品成本是指生产一定种类和数量的产品、消耗生产资料的价值和付给劳动者报酬（包括劳动者自己和劳动者为社会做的贡献）的总和。

产品成本是反映企业生产劳动消耗水平的一项综合性经济指标，是评价基本建设项目经济效果的基础数据。凡列入设计企业产品方案的产品，均应分别编制年度工厂成本和销售成本。选矿厂的产品一般指精矿，黑色金属选矿厂的精矿产品在精矿仓库交货，运输费用由用户负担，不计算销售成本；有色金属选矿厂要计算销售成本。其设计成本的代表年度应以企业达到设计规模的正常生产年度为准，并用正常年度成本代表选矿厂生产年限内的逐年成本。若有显著差别时（如矿石品种、原矿品位、可选性、工艺流程以及矿石量等）应根据不同参数和指标进行分期的成本计算。产品成本在选矿厂设计中是一个重要的综合性指标，如元/(吨矿石)、元/(吨精矿)。精矿成本项目及计算格式参考表 9-9。

采选联合企业的选矿厂只编制选矿车间成本；独立选矿厂应编制含矿石原料费、运输费、企业管理费和销售费的工厂和销售成本，并列出其中的选矿加工费（即选矿车间成本）。此外，对大中型选矿厂单独计算尾矿输送成本，以便考核选矿本身的成本。

表 9-9 精矿成本项目计算表

序号	成本项目		单位	单位用量	单价/元	金额/元
1	原料费	矿石费	元/t			
		运费	元/t			
2	辅助材料费	衬板	kg/t			
		钢球	kg/t			
		钢材	kg/t			
		润滑油	kg/t			
		筛网	kg/t			
		黄油	kg/t			
		胶带	m^2/t			
		其他（占以上费用5%~10%）				
3	生产用水（新水）		m^3/t			
4	电费		kW·h/t			
5	生产工人工资、福利待遇		元			
6	直接成本（1+2+3+4+5）		元/t			
7	车间经费	折旧费	元			
		大修理和中、小修理费	元			
		其他车间经费	元			
8	车间成本（6+7）		元/t 矿			
9	尾矿输送费		元/t			
10	企业管理费		元			
11	精矿设计成本（8+9+10）		元/t 精矿			
12	销售费		元			
13	精矿销售成本（11+12）		元/t 精矿			

9.6 经济评价与分析

9.6.1 经济评价指标与方法

技术经济评价的目的，是对工程设计项目的可行性进行全面比较。经济评价通过评价指标来体现，即选用不同的评价指标，意味着将采用不同的评价方法。所以评价指标是评价项目建设投资效果的工具。设计项目经济效果评价的指标很多，常用两类评价方法，即静态和动态法。

动态评价法与静态评价法的根本区别是前者考虑了资金的时间价值。资金投入后，随着时间的推移在生产流通领域中能产生新的增值，如利息、利润和税金等；同时考虑了建设期和生产过程中的现金流量，能清晰反映出建设项目的逐年现金流量积累和平衡状况，从而可以求出建设项目的净现值和内部收益率指标，用以权衡其经济效益，为投资决策者提供资本利润率，作为决策的重要依据。它的评价法参阅工业企业经济专著。

静态评价法比较简单，在工程设计中有一定的实用性。特别是对投资少，比较简单的中、小型选矿厂，或者是着眼社会效益，风险性（资源落实、服务年限短、竞争对手明确、市场情况变化不大、生产期现金流量相对稳定）较小的企业。静态评价法中采用简单投资收益率、投资回收期以及贷款应付利息等评价指标，进行项目建设的经济评价和分析，可以说明项目的经济可行性。

（1）简单投资收益率。反映项目获利能力的静态指标，它反映正常生产年份的净收益与初期投资（包括基建投资和流动资金）之比。但在实际中又派生出投资利润率和资金利润率，投资利润率=利润/概算总投资；资金利润率=利润/概算总投资+流动资金。

（2）投资收回期。也称返本期，是反映项目清偿能力的重要指标。指用选矿厂投产后逐年累计的净收益偿还全部基建总投资所需的时间，即：

$$T = \frac{P}{\sum_{j=1}^{n} R_j} \tag{9-1}$$

式中　T——投资回收期，年；

P——基建投资（不包括利息），元；

R_j——选厂投产后第 j 年的净收益（包括产品税金、销售利润、流动资金利息和折旧费等），元/a；

j——1，2，3，…，n；

n——还清投资时的截止年份。

投资回收期的倒数就是投资效果系数，是表示单位基建投资所获净收益。用式（9-2）表示：

$$E = 1/T \tag{9-2}$$

式中　E——投资效果系数。

9.6.2　资金来源及贷款偿还

9.6.2.1　资金来源

建设项目总投资包括固定资产投资和流动资金。固定资产投资对新建或改、扩建工程称基本建设投资；对技改工程称技术改造措施投资。

（1）基本建设投资资金来源可采纳下面的一种或几种形式：

1）属于国家预算安排的基本建设项目投资，由建设银行贷款。有色金属项目贷款的年利息，按较低的信贷利率 2.2%计息并计复利。借款期包括建设期和还款期，一般不超过 15 年。

2）银行固定资产贷款，属于既列入国家信贷计划，又必须列入国家基本建设计划的一种贷款，按差别利率计算，归还利息时给予宽限期，按年计息。黑色和有色金属建设项目贷款利率分为三档：5 年以下（含 5 年）年利率为 2.76%；5~10 年（含 10 年）年利率为 3.48%；10 年以上年利率为 4.2%。同时，对新建项目的贷款利息（不含贴息部分），改为贷款项目建成投产后付息。小型项目的贷款期限最长不得超过 5 年，大、中型项目最长不得超过 10 年。

3）自筹资金是由地区、部门和企业、事业单位，用地方财政款项、各种专项基金以及其他资金（折旧基金、维修费等）筹集的资金。建设银行规定：建设项目中要有不少于总投资的10%~30%的自有资金（包括技术改造措施贷款），不足部分才能向银行贷款。且自筹资金部分应提前半年专户存入银行，监督拨付，并按规定缴纳建筑税。

4）利用外资。外资来源有出口信贷、银行信贷（商业信贷）、国外政府贷款以及国际金融机构贷款等形式。外资贷款利率和贷款期限按贷款合同规定执行。

（2）流动资金。流动资金是企业用于购买原材料、辅助材料、支付工资、储存产品以及其他生产周转需要的资金，新建项目在设计中只计算企业正常生产所需的定额流动资金，除按前述销售收入计算外，可按年工厂成本的30%~50%估算。同样必须自筹不低于30%的流动资金，银行方能给予贷款。对交通不便的边远山区可取上限。定额流动资金由银行贷款按全额计算，年利率为4.92%，列入企业管理费中，资金投入时间安排在选矿厂投产的前一年。

（3）贷款偿还。建设项目所贷贷款，应按贷款协议或合同规定还本付息。根据有关规定，偿还贷款的资金有三种：

1）自有资金。包括基本折旧基金、基本建设收入、投资包干节余和其他自有资金。用于还贷款的基本折旧基金包括基本折旧费和大修提成；同时，应先缴纳15%的能源交通重点建设基金后，在建成投产三年内，国内投资项目可用30%，国外投资项目可用90%；投产三年所有贷款可用50%。

2）交纳所得税前的利润。新建企业用于还贷款的利润总额（即实现利润）扣除企业留利后利润。改、扩建项目投产后能单独计算经济效益的，可比照新建企业办理；不能单独计算经济效益的，按新增固定资产占全部资产的比例，提取相应利润用于还贷。

3）减免的产品税。属于税大利小的企业，用上述资金还贷仍有困难时，经省级税务部门审查，报财政部批准，在还贷期间可减免产品税。矿山企业一般均可申请到两种免税还贷。

（4）税金。工业企业应缴纳的税金项目包括在产品成本的企业管理费用中列支的房产税、土地使用税和车船牌照税；直接从销售收入中支列的增值税（产品税）、资源税、城市维护建设税和教育费附加，以及从利润中支付的所得税、调节税等。新建的设计项目（矿山企业）只计算增值税、城市维护建设税和教育费附加三项。若设计项目为采、选、冶联合企业，其采、选的原矿和精矿，由本企业内部连续加工或自产自用的，可不缴纳增值税；如有外销产品，仍应缴纳增值税。

1）增值税。按现税制，其增值税率一律为17%。

2）城市维护建设税。纳税人所在地在城市的税率为7%；在县城、镇的税率为5%；不在市区、县城或镇的税率为1%。

3）教育费附加。税率为2%。与上述“三税”同时缴纳，合计为20%。

9.6.2.2 利润

（1）新建企业采用下列公式计算：

1）产品销售利润：

$$R_x = X - S - C_x - J \tag{9-3}$$

式中 R_x——产品销售利润，元；

X——产品销售收入，元；

S——产品销售税金，元，$S = 20\%X$；

C_x——产品销售成本，元，$C_x = C_1 + C_2$；

C_1——工厂成本，元；

C_2——销售费，元；

J——技术转让费，元。

2）利润总额：

$$R_e = R_x + R_o - S_j + Y - Y_c \tag{9-4}$$

式中　R_e——利润总额，元；

R_o——其他销售利润，元；

Y——营业外收入，元；

Y_c——营业外支出，元；

S_j——资源税，元。

产品销售收入，系指当年产品全部销售的货币收入。

产品的销售价：凡产品属国家计划的，应使用国家计划调拨价格；属自销产品的可用当地市场价格。有色金属精矿产品销售量应扣除运输损耗。运输损耗率可根据运输方式、装卸次数和是否包装等条件确定。一般为：火车散装0.5%~1.0%，汽车散装1.0%~1.5%；汽车转火车散装1.5%~2.0%，轮船转火车散装2%~3%；袋装0.1%~0.3%。

营业外支出：包括企业搬迁费、劳动保险费（职工退休金和医药费、退职金、职工丧葬抚恤费、离休干部经费等）、编外人员生活费、子弟学校经费、技工学校经费、"三废"治理支出、新产品试制失败损失、特殊原因补发工资和生活困难补助费等。目前可按在册职工15~20元/(人·年）估算。

营业外收入：指企业出租固定资产、回收包装物押金、收回调入职工欠款以及其他收入，设计中可忽略不计。

（2）改、扩建企业利润计算。改、扩建企业建成投产后利润计算同新建企业。为了偿还新增固定资产贷款和评价新增投资的经济效益，改、扩建企业必须计算新增利润。新增利润是指企业改、扩建前后的利润差额。为编制贷款偿还表和现金流量表，新增利润应按设计企业经济年限逐年计算。

（3）企业留利计算。新建项目在贷款偿还期内，企业留利水平按国家规定提取。目前，企业留利包括按职工工资总额5%提取的企业基金，按标准工资总额10%~20%提取的奖励基金，有新产品试制的还可以按利润总额的1%~3%提取新产品试制基金三项基金之和。

设计企业的留利，一般按销售利润的15%计算。改、扩建企业投产后的留利水平应参照原企业的留利办法计算，从还贷款的次年起，按国家的"利改税"规定不再计算。

9.6.2.3　贷款偿还计算

新建选矿厂偿还贷款的资金来源，由前述三种渠道的资金构成贷款偿还能力，用C表示，其含义为企业实现的利润。即新建矿山企业贷款偿还能力是以企业的利润总额，扣除企业留利后实现的利润偿还贷款。

$$\text{偿还能力}(C) = \text{实现利润} = \text{利润总额} - \text{企业留利} \tag{9-5}$$

或

$$C = [X(1 - 20\%) - C_x - Y_c] \times (1 - 0.15) \tag{9-6}$$

式中　20%——从销售收入中提取的增值税、城市维护建设税、教育费附加之和，%；

0.15——利润总额中提取15%，作企业留利。

通过贷款偿还能力计算之后，应安排好在基建期的施工进度和年度贷款数目；从生产期开始按规定的利息排定贷款偿还进度表，求出贷款偿还期。

9.6.3 技术经济指标

在选矿厂设计中，将项目的主要经济指标、技术指标综合后以数量或质量、实物量或货币的形式表达出来，见表9-10。它既完整概括了各有关专业的主要指标，又能简明扼要地描绘出项目的概貌和特点。

表9-10 设计选矿厂的主要技术经济指标

序号	指标名称		单位	数量	备注
1	选矿厂设计规模	年处理矿石量	万吨/年		
		年产精矿量	万吨/年		
		年输送尾矿量	万吨/年		
2	选矿工艺指标	原矿品位	%		
		精矿品位	%		
		尾矿品位	%		
		选矿回收率	%		
		精矿产率	%		
		选矿比			
		选矿方法及工艺			
		磨矿细度：一段			
		二段			
3	选矿主要设备及型号	粗碎	台		
		中碎	台		
		细碎	台		
		磨矿	台		
		选矿（几个系列及台数）	台		
4	选矿辅助材料及消耗量	钢球	t/a		
		衬板	t/a		
		浮选药剂	t/a		
		滤布、胶带	m^2 · t/a		
		其他	t/a		
5	供电	用电设备安装容量	kW		
		用电设备工作容量	kW		
		选矿厂用电量	10kW · h/a		
		总降压变电器容量	kV · A		
		单位矿石加工耗电量	kW · h/t		
		单位精矿耗电量	kW · h/t		

续表 9-10

序号	指标名称		单位	数量	备注
6	供水	选矿厂年耗水量	$10km^3/a$		
		其中：新水	$10km^3/a$		
		回水	$10km^3/a$		
		循环水	$10km^3/a$		
		吨原石耗水量	m^3/t		
		吨精矿耗水量	m^3/t		
7	总图运输（总体布置）	选矿厂占地面积	m^2		
		其中：工业占地面积	m^2		
		民用占地面积	m^2		
		选矿厂外部运输量			
		其中：输入量	10kt/a		
		输出量	10kt/a		
		选矿厂外部运输方式			
8	土建	选矿厂建筑总面积	m^2		
		其中：工业建筑面积	m^2		
		民用建筑面积	m^2		
		构筑物：矿仓	m^2		
		选矿厂基建工程三材消耗量			
		钢材	t		
		木材	m^3		
		水泥	t		
9	机修	选矿厂机械设备总重量	t		
		备品、备件年消耗量	t/a		
10	尾矿	尾矿库总库容量	$10km^3$		
		尾矿库使用年限	年		
		尾矿运输距离	km		
		尾矿坝土石方量	$10km^3$		
11	劳动及工资制度	选厂职工总人数	人		
		其中：工人	人		
		管理人员	人		
		服务人员	人		
		选厂年工作日	d		
		实物劳动生产率			
		全员：矿石	t/(a·人)		
		精矿	t/(a·人)		

续表 9-10

序号	指标名称		单位	数量	备注
11	劳动及工资制度	生产工人：矿石	t/(a·人)		
		精矿	t/(a·人)		
12	成本指标	选矿厂精矿加工费	元/t		
		选矿厂精矿设计成本	元/t		
13	投资指标	固定资产总投资	万元		
		基建期贷款利息	万元		
		流动资金	万元		
		单位矿石固定资产投资	元/(t·a)		
14	投资效果指标	销售收入	万元/年		
		利润总额	万元/年		
		投资利润率	%		
		投资回收期	a		

10 矿物加工专业制图

10.1 设计任务

10.1.1 设计内容

工程设计最终需用图纸来呈现。图纸也是施工单位进行采购、施工的依据，图纸类型根据设计阶段有可行性研究附图、初步设计图纸（或初步设计扩大图纸）和施工图设计图纸；根据图纸作用有总图、工艺设计图、建筑设计图、结构设计图（含给排水设计图、电气设计图、暖通设计图等）、设备配置图、设备安装图、非标准设备制造详图等。

矿物加工工程专业的图纸包括工艺流程图、数质量流程图、矿浆流程图、设备形象联系图、工艺建筑物联系图、设备配置图、设备或机组安装图、（非标准）金属结构（零）件制造和安装图、管路图等。

毕业设计由于时间有限，没有配合其他专业，仅需要完成工艺流程图（不用单独绘制）、数质量流程图和矿浆流程图、设备形象联系图、主要工艺车间配置图（包括破碎车间平断面、磨选车间平断面等）及少量施工图（包括破碎机安装图、磨机安装图等）。一般需完成 8 张图纸，图幅为 A0～A2。

10.1.2 注意的问题

（1）图纸与说明书的一致性。说明书和图纸是工程设计不可分割的两个部分，相互印证和补充，所以必须严格一致。两者有一点不一致，都会给施工人员带来困惑，甚至工程事故。

（2）图纸表达的规范性。图纸是通用工程语言，应严格按照国家相关制图标准与规范执行，这样技术人员都能读懂看明白。

（3）图纸表达清楚。平面图各平面应分割清晰，断面图用于呈现不用高度的平面，在平面图纸中必须用封闭的细实线来分割出不同平面。

（4）比例尺的规范使用。比例尺的应用不能随心所欲，在国家规范中有相应推荐比例和可以使用的比例，设计时从中选取即可。

（5）定位线清晰。所有设备依据定位线来标注其三维定位尺寸或坐标，并且平断面一致。

（6）线型使用正确。不同的线型有不同的含义，不能混用，以免给读图人员带来歧义和麻烦。

10.2 专业制图规范

金属矿选矿厂设计制图没有国家规范标准，专业制图的主要依据为：

（1）机械制图国家标准。自1985年制定，1993年开始进行修订，目前执行的中华人民共和国《机械制图》国家标准，编号为GB/T 14689—1993～GB/T 4460—1984，见表10-1～表10-3。

表10-1 1985年起实施的国家标准的基本规定

1985年起实施的国家标准		现行标准编号	现行标准名称
分类	标准编号		
基本规定	GB/T 4457.1—1984	GB/T 14689—1993	技术制图 图纸幅面及格式
	GB/T 4457.2—1984	GB/T 14690—1993	技术制图 比例
	GB/T 4457.3—1984	GB/T 14691—1993	技术制图 字体
	GB/T 4457.4—1984	GB/T 17450—1998	技术制图 图线
		GB/T 4457.4—2002	机械制图 图样画法 图线
	GB/T 4457.5—1984	GB/T 17453—1998	技术制图 图样画法 剖面区域的表示方法
		GB/T 4457.5—1984	机械制图 剖面符号

表10-2 1985年起实施的国家标准的基本表示法

1985年起实施的国家标准		现行标准编号	现行标准名称
分类	标准编号		
基本表示法	GB/T 4458.1—1984	GB/T 17451—1998	技术制图 图样画法 视图
		GB/T 4458.1—2002	机械制图 图样画法 视图
		GB/T 17452—1998	技术制图 图样画法 剖视图和断面图
		GB/T 4458.6—2002	机械制图 图样画法 剖视图和断面图
		GB/T 16675.1—1996	技术制图 简化表示法 第1部分：图样画法
	—	GB/T 4457.2—2003	技术制图 图样画法 指引线和基准线的基本规定
	GB/T 4458.2—1984	GB/T 4458.2—2003	机械制图 装配图中零、部件序号及其编排方法
	GB/T 4458.3—1984	GB/T 4458.3—1984	机械制图 轴测图
	GB/T 4458.4—1984	GB/T 4458.4—2003	机械制图 尺寸注法
		GB/T 16675.2—1996	技术制图 简化表示法 第2部分：尺寸注法
	GB/T 4458.5—1984	GB/T 4458.5—2003	机械制图 图样画法 尺寸公差与配合注法
	—	GB/T 15754—1995	技术制图 圆锥的尺寸和公差注法
	GB/T 131—1983	GB/T 131—1993	机械制图 表面粗糙度符号、代号及其注法

表 10-3　1985 年起实施的国家标准的特殊表示法

1985 年起实施的国家标准		现行标准编号	现行标准名称
分类	标准编号		
特殊表示法	GB/T 4459. 1—1984	GB/T 4459. 1—1995	机械制图　螺纹及螺纹紧固件表示法
	GB/T 4459. 2—1984	GB/T 4459. 2—2003	机械制图　齿轮表示法
	GB/T 4459. 3—1984	GB/T 4459. 3—2000	机械制图　花键表示法
	GB/T 4459. 4—1984	GB/T 4459. 4—2003	机械制图　弹簧表示法
	GB/T 4459. 5—1984	GB/T 4459. 5—1999	机械制图　中心孔表示法
	—	GB/T 4459. 6—1996	机械制图　动密封圈表示法
	—	GB/T 4459. 7—1998	机械制图　滚动轴承表示法
	—	GB/T 19096—2003	技术制图　图样画法　未定义形状边的术语和注法
图形符号	GB/T 4460—1984	GB/T 4460—1984	机械制图　机构运动简图符号

（2）标注文字以 1956 年国务院公布的《汉字简化方案》中的简化字，1964 年中国文字改革委员会、文化部、教育部《关于简化字的联合通知》中的偏旁简化字和 1986 年重新发表的《简化字总表》为准，标注方式按 GB/T 14691—1993 执行；其中日期格式按 GB/T 7408—2005《数据元和交换格式　信息交换　日期和时间表示法》执行。

（3）标题栏和明细表依据 GB/T 10609. 1—2008《技术制图　标题栏》；GB/T 10609. 2—2009《技术制图　明细栏》执行。

（4）绘图按 GB/T 18229—2000《CAD 工程制图规则》执行。

（5）图纸代号按 GB/T 17825. 3—1999《CAD 文件管理　编号原则》、JB/T 5054. 4—2000《产品图样及设计文件　编号原则》执行。

（6）量纲按 1984 年通过的《中华人民共和国法定计量单位》执行。

（7）其他标准，如行业标准、YS/T 5023—1994《有色金属选矿厂工艺设计制图标准》、鞍山冶金设计研究总院（现在为中冶北方工程技术有限公司）企业标准 QJ/AY03. 105—2002《选矿专业制图规定》、鞍钢集团矿业设计研究院技术标准 KSY/QB-SX001—2016《选矿专业 CAD 制图规定》及设计院选矿专业长期形成的习惯画法等。

10.3　一般规定

10.3.1　图纸画法一般规定

（1）绘制图纸时，应首先考虑看图方便，根据物体的结构特点，选用适当的表达方式。在完整、清晰表达各部分形状的前提下，力求图面简便。

（2）图形应按正投影法绘制，并采用第一角投影法。

（3）视图一般只画出物体的可见部分，必要时画出不可见部分。

（4）双点划线一般不应遮盖其后面的物体（如平面图中的吊车可画在检修跨处）。

（5）需要表示位于剖面以外（未剖上）的结构时，该结构用细点划线画出其投影轮廓。

（6）绘制机械零件时，其图纸画法参照国家标准《机械制图》的规定。

10.3.2 图纸幅面及格式

10.3.2.1 图纸幅面尺寸

依据 GB/T 14689—2008《技术制图　图纸幅面和格式》。我国大多采用 A 系列图纸，分为 5 种型号，5 号图纸为基本幅面，记做 A5。A 系列图幅如图 10-1 所示。

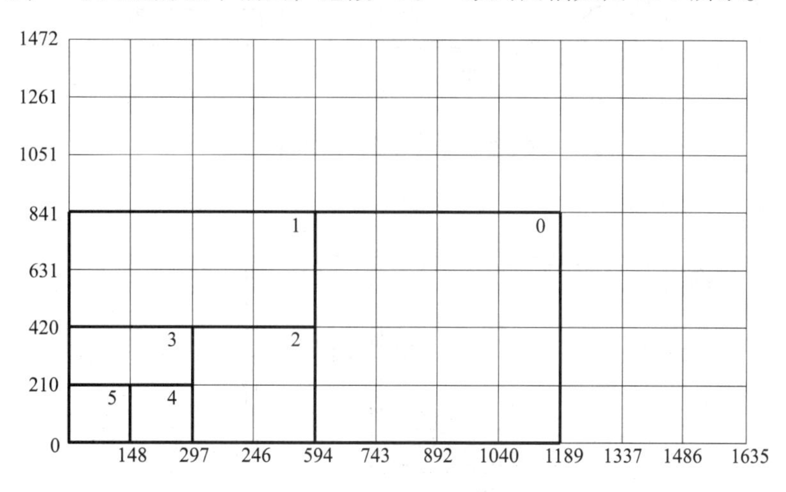

图 10-1　A 系列图纸幅面尺寸

绘制图纸时优先采用图纸规格：A0、A1、A2、A3、A4（表 10-4），绘制技术图样时，应优先选用规定的基本幅面。4 号只能竖放，5 号不能单独使用。

表 10-4　图纸幅面尺寸与框线间距　（mm）

幅面代号	A0	A1	A2	A3	A4	A5
$B \times L$	841×1189	594×841	420×594	297×420	210×297	148×210
e	20		10			
c	10			5		
a	25					

必要时，允许选用规定的加长幅面，这些幅面的尺寸是由基本幅面的短边的整数倍得出。即如果图纸加长边是 210mm 倍数，则只能按 210mm 的整倍数增加；如果是 148mm 的倍数，则只能按 148mm 整倍数增加。图纸既可根据需要横向使用，也可以竖向使用，不同方向使用时，注意标题栏的位置，基本原则是，看图时标题栏与明细表在右下方，文字方向向上。图纸中说明文字也必须在看图时文字方向向上，其他标注文字没有文字向上方向要求。

10.3.2.2 图框与标题栏

图纸图框格式如图 10-2 和图 10-3 所示，图框内圈线用粗实线，线宽 0.5~2.0mm，图纸分为装订和不装订两种图框画法，注意使用时区分。装订栏 a、内外图框距离 c 和 e 等尺寸按表 10-4 选取，外框线用细实线，线宽 0.25~1.0mm，为粗实线的 1/2。

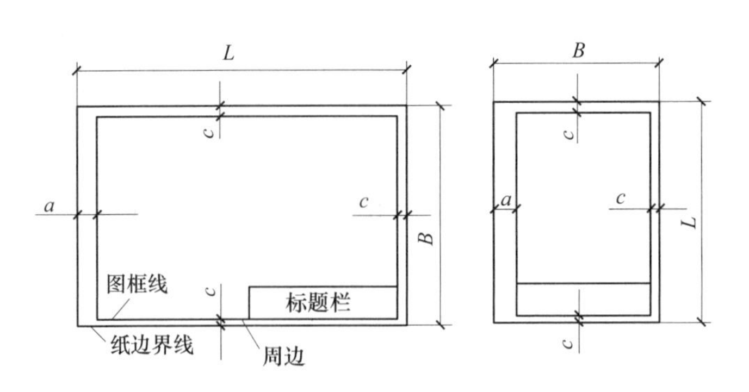

图 10-2 有装订栏的图框格式

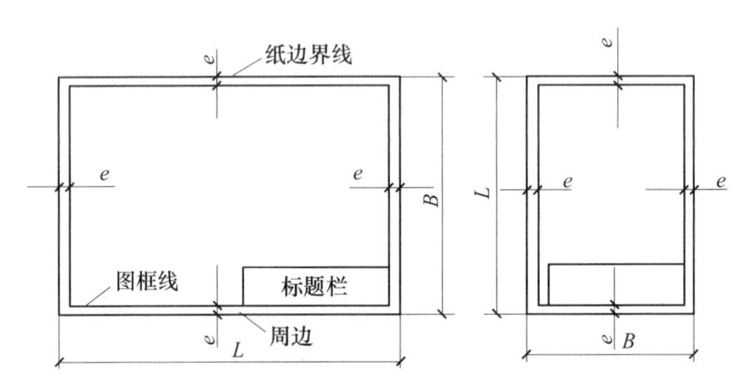

图 10-3 不需要装订的图框格式

外框线以外部分要进行裁剪，不可附带不管，以免造成装订或折叠装袋困难。图纸装订与折叠均按 A4 图幅为标准。大图纸按 148mm 与 210mm 倍数方向折叠成 A4 幅面，注意标题栏需做成三角外翻，露出图纸信息，便于查找。

10.3.2.3 标题栏

标题栏依据 GB/T 10609.1—2008《技术制图 标题栏》和 GB/T 10609.2—2009《技术制图 明细栏》进行绘制。

《技术制图 标题栏》中对标题栏的尺寸、内容及格式做了规定，标题栏一般应位于图纸右下角。

标题栏一般具有比较鲜明的特色，应根据自身特点来设计自己的标题栏，样例如图 10-4~图 10-6 所示。矿山设计院一般也都有自己的制图标准，标题栏和明细表与国家推荐标准不完全一致，如行高为 15mm、8mm，列宽有 13mm 系列等。

标题栏长 180mm，高 35mm，竖向每格 7mm 或其整倍数，横向格：10mm、12mm、16mm 的整倍数，或 10mm、12mm、16mm 相加及整倍数相加。

明细表表头行高为 14mm，其他基本行高是 7mm，横向格：10mm、12mm 的整倍数，或 10mm、12mm 相加及整倍数相加。

标题栏位于最下方，最上面用粗实线封顶。明细表既可以位于标题栏上方，也可以位于标题栏左方排列，明细栏上不封顶，即最上部的线条为细实线，目的为添加新项目方便。示例如图 10-7 所示。

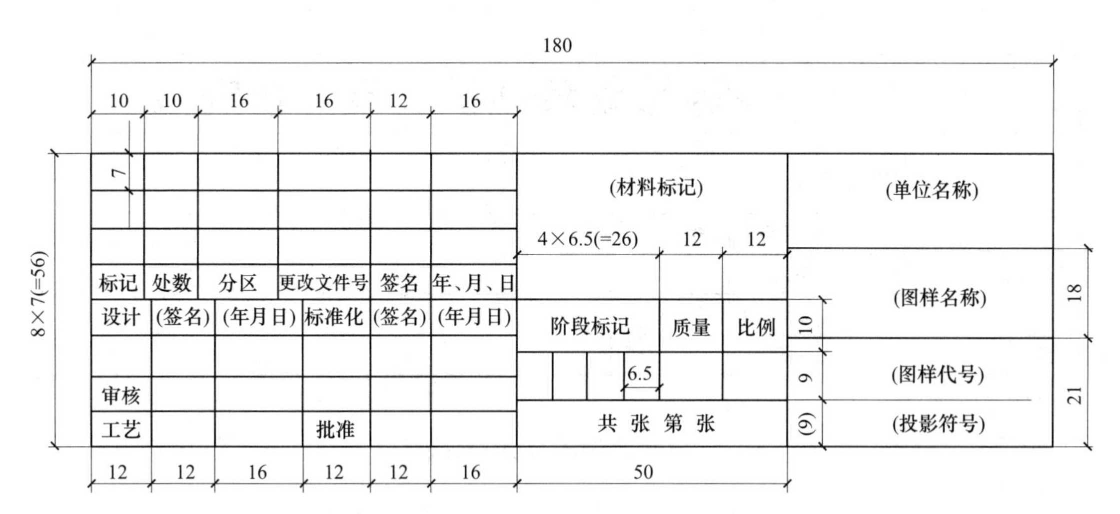

图 10-4 国家标准中图纸标题栏示例

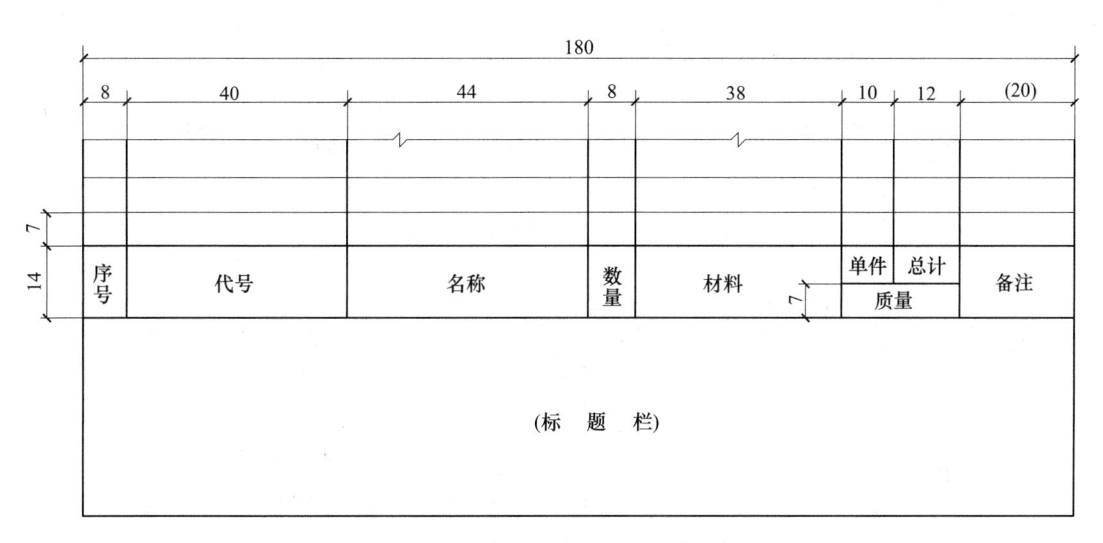

图 10-5 国家标准中图纸明细表示例

15	20	85	20	40
设计		辽宁、鞍山矿物加工系 辽宁科技大学	工程号	
制图			总工程师	
审核		(图名)	工程负责人	
比例			完成日期	
班级			共 张 第 张	

(行高：7，7，7，7；总高 35)

(a)

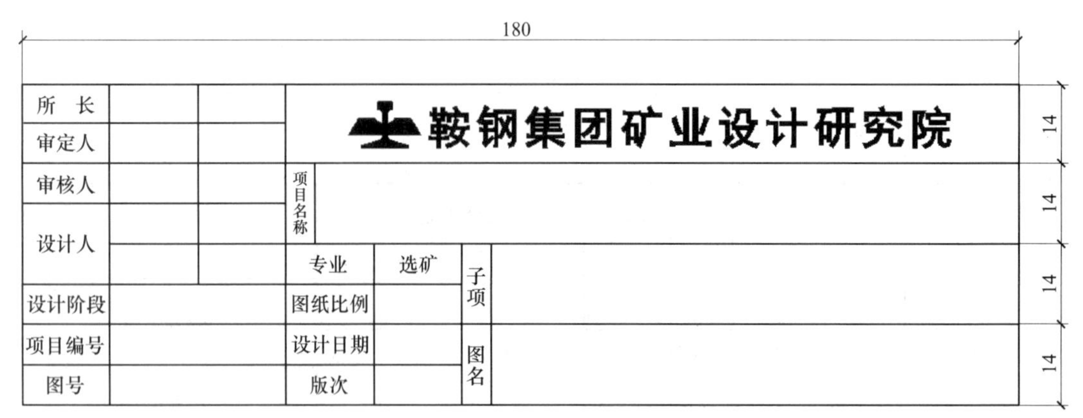

180

所 长			鞍钢集团矿业设计研究院			
审定人						
审核人			项目名称			
设计人						
			专业	选矿	子项	
设计阶段			图纸比例			
项目编号			设计日期		图名	
图号			版次			

14 14 14 14

(b)

图 10-6 图纸标题栏示例

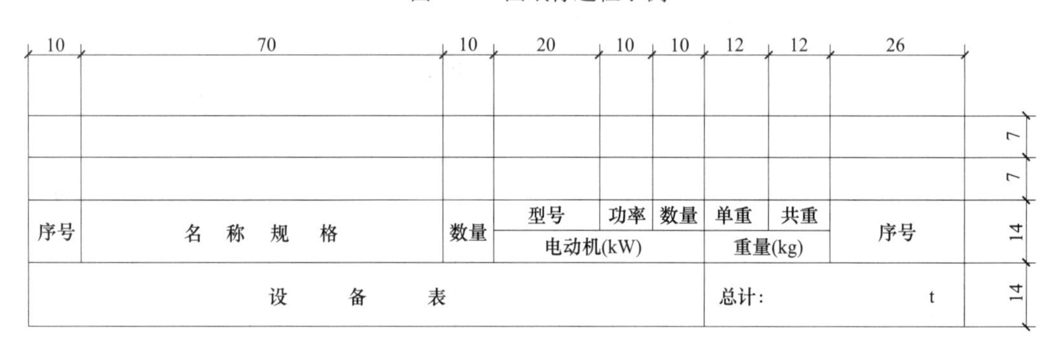

10	70	10	20	10	10	12	12	26	
									7
									7
序号	名 称 规 格	数量	型号	功率	数量	单重	共重	序号	14
			电动机(kW)			重量(kg)			
设 备 表						总计: t			14

(a)

10	70	10	20	10	10	12	13	25	
									10
序号	规 格 名 称	数量	型号	功率(kW)	数量	单重	共重	备注	15
			电动机			重量(t)			
设 备 表			总计: kW			总计: t			15

(b)

10	30	65	10	12	13	40	
							10
序号	标准或图号	规 格 名 称	数量	单重	共重	备注	15
				重量(kg)			
金属结构表				总计: kg			15

(c)

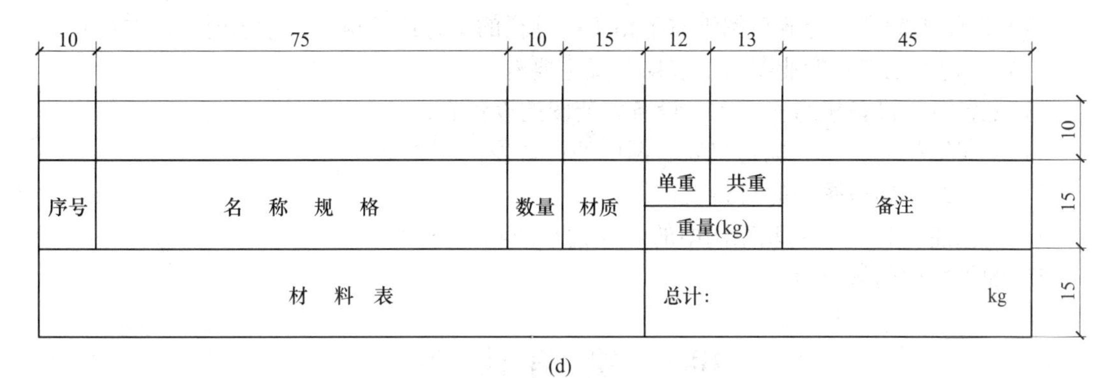

10	75	10	15	12	13	45
序号	名 称 规 格	数量	材质	单重	共重	备注
				重量(kg)		
材 料 表				总计: kg		

(d)

15	30	85	25	25
序号	配置图图号	名称	地坪绝对标高(m)	备注
建 (构) 筑 物 一 览 表				

(e)

10	30	30	15	15	15	15	15	35
序号	起点	终点	最小坡度(%)	条数(条)	规格(mm)	总长(m)	总重(kg)	备注
管 材 表							总计: kg	

(f)

图 10-7 不同种类明细表示例

（引自 QJ/AY03.105—2002 企业标准）

主标题栏中的各项空格必须填写全（共 页、第 页可不填写），总设计师只在图纸目录上的相应位置签字，设计、制图栏必须都签上名。表中的“规格名称”一栏，中、英文或数字应连续注写，防止串行。

10.3.2.4 *矿物加工工程专业图纸附表*

（1）当图纸中需要附表时，表格宜布置在图纸右下端位置，布置应合理、匀称、美观。

（2）表格均应有表名，表名应居中标注于表格下方。

（3）几张图组成的同类型图纸，若有断面图，则表格宜布置在第一张断面配置图上。如设备表、金属结构件表布置在第一张厂房断面配置图上，管路明细表布置在第一张厂房管线断面配置图上；若无断面图，则表格宜布置在第一张图上。

（4）图纸上的表格应放在图纸右下角主标题栏的上方或左侧，需增加时，向左延长。

（5）矿物加工工程专业图纸的表格形式主要有：

1）配置图、设备机组安装图、设备安装图的设备表；

2）金属结构表（带式输送机安装图中的设备表）；

3）金属结构制造图中的材料表；

4）工艺建（构）筑物联系图中的建（构）筑物一览表；

5）配管图中的管材表。

10.4 绘图比例

10.4.1 常用比例

机械制图比例按 GB/T 14690—1993《技术制图　比例》执行，等效采用国际标准 ISO 5455—1979《技术制图　比例》，常用比例与可用比例见表 10-5。矿物加工专业参照执行，矿物加工工程专业制图比例见表 10-6。

表 10-5　技术制图比例

<table>
<tr><td rowspan="3">常用比例</td><td colspan="12">1 : 1</td></tr>
<tr><td colspan="4">$1:10^n$</td><td colspan="4">$1:2\times10^n$</td><td colspan="4">$1:5\times10^n$</td></tr>
<tr><td colspan="4">2 : 1</td><td colspan="4">5 : 1</td><td colspan="4">$(10\times n):1$</td></tr>
<tr><td rowspan="2">可用比例</td><td colspan="3">$1:1.5\times10^n$</td><td colspan="3">$1:2.5\times10^n$</td><td colspan="3">$1:3\times10^n$</td><td colspan="3">$1:4\times10^n$</td></tr>
<tr><td colspan="3">2.5 : 1</td><td colspan="3">4 : 1</td><td colspan="3"></td><td colspan="3"></td></tr>
</table>

注：n 为正整数。

表 10-6　矿物加工工程专业各种图纸常用制图比例

图纸类型	常用比例	必要时可选用的比例
工艺建（构）筑物联系图	1 : 1000，1 : 500	1 : 2000，1 : 200
工艺厂房配置图	1 : 200，1 : 100，1 : 50	1 : 250，1 : 150，1 : 125
机组安装图	1 : 50，1 : 25，1 : 20，1 : 10，1 : 5	1 : 100，1 : 30，1 : 15
设备或金属结构安装图	1 : 200，1 : 100，1 : 50，1 : 25，1 : 20，1 : 10，1 : 5	1 : 100，1 : 30，1 : 15
构（零）件制造图	1 : 50，1 : 25，1 : 20，1 : 10，1 : 5，1 : 2.5，1 : 2，1 : 1，2 : 1	1 : 30，1 : 15
管路图	1 : 200，1 : 100，1 : 50	1 : 250，1 : 150

工艺建（构）筑物联系图、厂房配置图的平面图和断面图允许采用不同比例。例如：平面图采用 1 : 100，断面图采用 1 : 50。

示意图、工艺流程图、设备形象联系图可不按比例绘图，但应在图幅中做到适当、匀称。

为适应总图专业图纸的比例，外部管路图的比例也可不受表 10-6 限制。

选用时尽量采用常用比例，必要时用可选比例。比例选取合适，可保证图线清晰干净，没有重叠现象（标注与图形重叠是绘图大忌）。目前绘图除特殊要求手工制图训练，基本都采用CAD软件绘制电子图纸，对于比例的使用，可采用全尺寸绘图，按比例打印方式进行，即绘制图纸时，将采用的图幅按设计比例放大，然后按1∶1尺寸进行绘制，这样不用换算，绘图速度快，设备及构筑物相互之间的距离可视性好，需要注意的是CAD的绘图环境参数需要按比例放大，如文字大小、标注样式（修改全局比例即可）等。另外，标题栏与明细表也应按比例放大。打印时按比例缩小即可。

10.4.2 比例的表示方法及标注位置

（1）表示方法。比例必须采用阿拉伯数字表示，如：1∶2、1∶5、1∶10、1∶50、1∶100等。

（2）标注位置。在同一张图纸中，采用相同比例时，在标题栏的比例格中注出；在同一张图纸中，各视图采用不同比例时，除在标题栏的比例格中注出一个主要比例外，其余的均在图名下方另行标注出来。

图位名应位于图形上方，并在图位名下面画两道实线（上粗下细，间距1mm），再在细实线下面注出比例，如图10-8所示。

±0.00m；3.00m平面
1:50

*A*向
1:20

A—*A*
1:20

图10-8 图位名下比例表示方式

10.5 字体、字高及注写

10.5.1 字体、字高及字宽

字体、字高及字宽应遵循国家标准GB/T 14691—1993《技术制图 字体》、国家标准GB/T 18229—2000《CAD工程制图规则》规定。

（1）图样中书写的字体必须做到字体工整、笔划清楚、间隔均匀、排列整齐。

（2）字体高度（用h表示，mm）的工称尺寸系列为：1.8、2.5、3.5、5、7、14、20。若书写更大的字，其字体高度应按$\sqrt{2}$的比率递增。字体高度代表字体号数。

（3）图样中的汉字应写成长仿宋体，并采用国家正式公布推行的简化字。

汉字高度h不应小于3.5mm，其字宽一般为$h/\sqrt{2}$。样例如图10-9所示。

（4）字母和数字分A型和B型。A型笔划宽度（d）为字高（h）的1/14，B型笔划宽度（d）为字高（h）的1/10。在同一图样上，只允许选用一种形式的字体。

（5）字母和数字可写成斜体和直体。斜体字字头向右倾斜，与水平基准线成75°。在CAD制图中，数字与字母一般以斜体输出，汉字以正体输出。样例如图10-10和图10-11所示。

（6）国家标准GB/T 18229—2000《CAD工程制图规则》中规定的字体与图纸幅面的关系见表10-7。

字体的宽度系数为0.7。在特殊情况下可以改变，如在限制长度的一格内必须写成一行的文字（设备表中“规格名称”一栏等），宽度系数可小；图纸名称、视图名称等宽度系数可大些，字体的最大宽度系数为1.0。

10 号字

字体工整　笔画清楚　间隔均匀　排列整齐

7 号字

横平竖直注意起落结构均匀填满方格

5 号字

技术制图机械电子汽车航空船舶土木建筑矿山井坑港口纺织服装

3.5 号字

螺纹齿轮端子接线飞行指导驾驶舱位挖填施工引水通风闸阀坝棉麻化纤

图 10-9　汉字样例

（国标 GB/T 14691—1993 汉字书写样例）

大写斜体
ABCDEFGHIJKLMN
OPQRSTUVWXYZ
大写直体
ABCDEFGHIJKLMN
OPQRSTUVWXYZ
小写斜体
abcdefghijklmn
opqrstuvwxyz
小写直体
abcdefghijklmn
opqrstuvwxyz

图 10-10　字母书写样例

（国标 GB/T 14691—1993 字母书写部分样例）

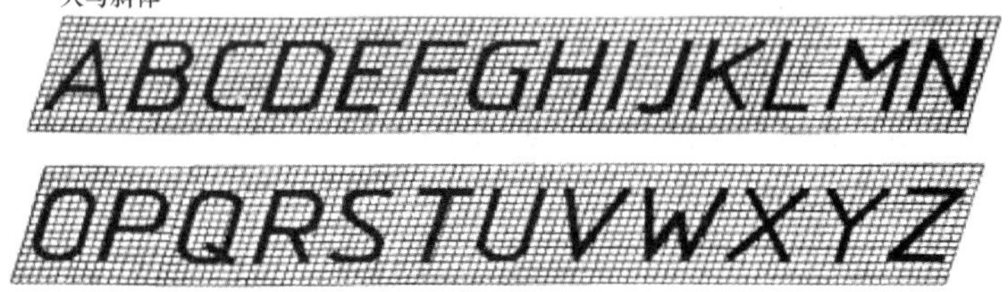

斜体

直体

0123456789

图 10-11　数字书写样例

（国标 GB/T 14691—1993 数字书写部分样例）

表 10-7　字体与图幅的关系

图幅字体 h	A0	A1	A2	A3	A4
汉　字	7	7	5	5	5
字母与数字	5	5	3.5	3.5	3.5

制图常用字体组合为 TXT、HZTXT 或 ROMANT，图纸中标注尺寸和标高的数字推荐采用 HZTXT 字体，这种字体更清晰些。在一张图中，不同项目字体可以不同，但表达同一个项目类型的字体应相同，如尺寸线字体、设备编号字体。更多细节要求请查阅相关国家标准。

10.5.2　文字注写

（1）所有尺寸标注的尺寸数字高度一律按表 10-7 根据图幅确定，纯中文文字在视图中、说明、设备表中为 5mm，标注序号的字高 5mm，图纸名称、视图名称字高可大些。

（2）在一行文字中既有中文，又有数字时，应连续注写。

（3）视图中的尺寸数字与线条重合看不清时，将数字移出，或将线条断开，使数字清楚；视图中的文字尽可能避免与线条交叉，应容易看清。

（4）用作指数、分数、极限偏差、注脚等数字及字母应用小一号的字体。

示例：

10^3、s^{-1}、D_1、T_d

图中数学符号、物理量符号、化学符号、计量单位符号应分别符合国家的相关法令和标准的规定。

示例：

L/mm、m/kg、460r/min、220V、5MΩ、380kPa

（5）字体的距离。汉字的字距应为 1.5mm，行距应为 2.0mm，间隔线或基准线与汉字的距离应为 1.0mm。

拉丁字母、阿拉伯数字、希腊字母、罗马数字的词距应为 1.5mm，行距应为 1.0mm，间隔线或基准线与字母和数字的距离应为 1.0mm。

当汉字与字母和数字混合使用时字距和行距应根据汉字的规定使用。

10.5.3　图纸说明

（1）图面尺寸单位应在图纸说明中注明，如在图纸说明中注明：“标高以米计，其余均以毫米计。”

（2）图面标高应在图纸说明中注明，如在图纸说明中注明：±0.00m 标高相当于绝对标高××m。

（3）由多张图组成的同类型图纸，说明宜标注在第一张断面图上。

（4）图纸中需要说明事项，应标注在图纸右端，并应在说明事项的左上角标示“说明”字样。

10.5.4　图形图名

（1）图形名称写于标题栏“图名区”中，标注在图形上方或下方中心位置，为醒目，推荐图名标注于视图上方。图名用字母或罗马数字与连字符组成，下方用粗细两条横线，需注比例时应在横线下方标注。如图 10-5、图 10-10 等示例。局部平面图图名应标注出所在平面的标高。

（2）一个平面图同时包括几个不同标高平面时，图名应将不同标高全部标出。

（3）不易标注标高的平面图可直接写建（构）筑物的名称。

（4）断面图图名以剖切面名称命名、与平面图上的字母或罗马数字一致。

（5）一个图样中同时包含几个建（构）筑物时，应标出每个建（构）筑物的名称。

10.6　图　　线

10.6.1　图线形式及意义

矿物加工专业没有国家规范标准，可参照 GB/T 17450—1998《技术制图　图线》、GB/T 4457.4—2002《机制制图　图样画法　图线》画法。

（1）机械图样中各种图线的名称、形式及画法见表 10-8。

（2）矿物加工工程专业工艺各类图纸线型一般意义及参照国家标准一般规范线型见表 10-9 和表 10-10。

表 10-8　机械图样中各种图线的名称、形式及画法

图线名称	图线类型	线型名称	一般应用
粗实线	————	PLine	（1）可见轮廓线 （2）可见过渡线
细实线	————	Lineb	（1）尺寸线及尺寸界限 （2）剖面线 （3）重合剖面的轮廓线 （4）螺纹的牙底线及齿轮的齿根线 （5）引出线 （6）分界线及范围线 （7）弯折线 （8）辅助线 （9）不连续的同一表面的连线 （10）成规律分布的相同要素的连线

续表 10-8

图线名称	图线类型	线型名称	一般应用
波浪线		Line	(1) 断裂处的边界线 (2) 视图和剖视的分界线
双折线		Line	断裂处的边界线
虚线		Hidden	(1) 不可见轮廓线 (2) 不可见过渡线
细点划线		Center	(1) 轴线 (2) 轨迹线 (3) 对称中心线 (4) 节圆及节线
粗点划线		Center	有特殊要求的线或表面的表示线
双点划线		Phantom2	(1) 相邻辅助零件的轮廓线 (2) 极限位置的轮廓线 (3) 坯料的轮廓线或毛坯图中制成品的轮廓线 (4) 假象投影轮廓线 (5) 试验或工艺用结构（成品上不存在）的轮廓线 (6) 中断线

图线宽度。标准规定了 9 种图线宽度，所有线型的图线宽度（d）应按图样的类型和尺寸大小在下列系数中选择：0.13mm、0.18mm、0.25mm、0.35mm、0.5mm、0.7mm、1mm、1.4mm、2mm。图线的宽度分粗线、中粗线、细线三种，其宽度比率为 4∶2∶1。在绘制剖视图和断面图时，通常应在剖面区域画出剖面线或剖面符号。通用剖面线是以适当角度绘制的细实线。

表 10-9　矿物加工工程专业工艺图纸线型一般意义及 GB 推荐屏幕上的颜色

名　称	参考样例 （未说明粗细按相关规范执行）	一般意义 （GB 推荐屏幕上的颜色）
粗实线		可见轮廓（黑色）
细实线		(1) 尺寸线及尺寸界限（绿色） (2) 引出线（绿色） (3) 平面分界线（黑色） (4) 剖切位置线
虚线		不可见轮廓（黄色）
点划线		中心线（细线用红色，粗线用棕色）
双点划线		相关图形轮廓（粉红色）
单横划划线 （长划短划线）		大尺寸中心线（绿色）
双横划划线 （长划双短划线）		不可见构件、设施轮廓（粉红色）
光滑曲线		剖开线（绿色）
折断线		省略长度的两端断开线（绿色）

注：电子图背景色为黑色，则表中“黑色”换为“白色”，推荐使用白背景。

表 10-10 矿物加工工程专业工艺各类图纸参考线型

图纸类型	图纸表达的内容	可见轮廓线的线型
设备形象联系图	设备、建筑物等	细实线
	连接指示线	粗实线
工艺建（构）筑物联系图	新建工艺建（构）筑物，铁路轨道	粗实线
	原有工艺建（构）筑物， 带式输送机通廊、转运站等	细双点划线
	新建或原有建（构）筑物地下部分	虚线
	预留拟扩建部分	细双点划线
	构筑物内可见设备	细实线
厂房配置图	工艺设备、工艺辅助设备、 金属结构件、铁路轨道	粗实线
	建（构）筑物、 通风除尘及供配电等辅助专业设备及设施	细实线
	平面图中单、双轨起重机及轨道	粗双横划线
	预留再建再装设备、原有设备	细双点划线
设备机组、设备及金属结构件安装图	设备及金属结构件	粗实线
	建（构）筑物	细实线
	与本图有关的设备及金属结构件	细双点划线
构（零）件制造图	构（零）件可见轮廓线	粗实线
	构（零）件不可见轮廓线	虚线
	弯折线	细双点划线
配管图	工艺管路、管路的固定件及法兰	粗实线
	设备、构件及建筑物等	细实线

注：选择线型原则：突出主题为粗线，相关为细线。

10.6.2 图线画法

（1）同一张图中粗实线的宽度应基本一致，如个别图形线条太密，则线条的宽度可减小，出图后应能分清。

（2）视图中的点划线、双点划线、虚线应能看出，否则，用 LTScale 命令调整到能看清为止；线条长度太短分不清时例外。

（3）打印好的图纸中两条平行线（包括剖面线）之间的距离不小于 0.7mm。

（4）绘制圆的对称中心线时，圆心为线段的交点。

（5）视图中的断裂处可用波浪线或双折线表示。

（6）线条交叉时注意，应交叉于实线位置，实线与虚线对接应先留空白。示例如图10-12所示。

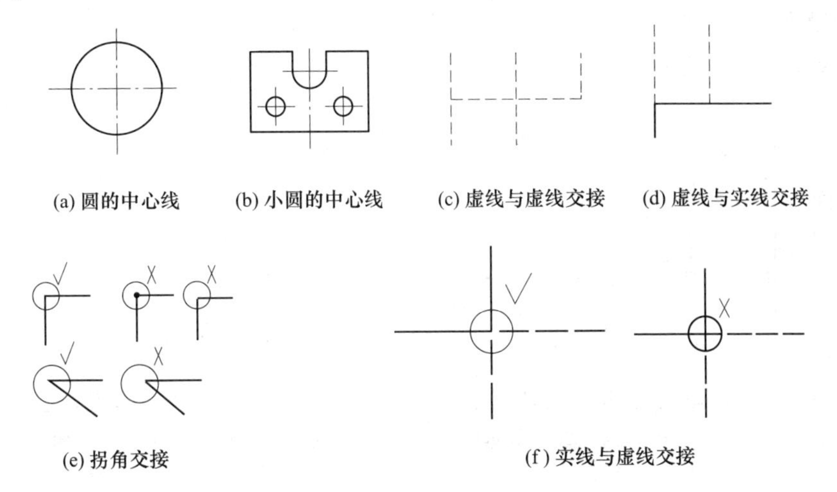

图 10-12　线条交叉处理方式示例

10.7 定 位 轴 线

（1）定位轴线应用点划线绘制，轴线编号的圆圈应用细实线绘制，圆心应在定位轴线的延长线或延长线的折线上。圆圈直径宜为8~10mm。工艺建（构）筑物联系图轴线编号的圆圈直径宜为8mm，其他图纸轴线编号的圆圈直径宜为10mm。其中的文字高度等于圆圈的半径。

（2）定位轴线的编号应与建筑返回图纸一致，行线编号（多为垂直方向）采用英文字母按由下而上的顺序注写；列线编号（多为水平方向）采用阿拉伯数字自左至右的顺序注写。文字为水平放置，字头均向上。

轴线编号一般在图面的下方及左侧（或右侧），如遇特殊情况也可写在图面的上方和右侧（左侧）。

（3）当遇有沉降缝、伸缩缝以及非标准跨距的轴线时，其轴线的编号应按建筑图纸的编号进行标注。

（4）英文字母中，I、O、Z三个字母不得用于轴线编号。

（5）改、扩建项目中，旧有建（构）筑物与新增建（构）筑物轴线编号，应分别用同心双圆圈和单圆圈标注，并应在图纸上加以文字说明。

定位轴线一般为车间建筑物的柱子中心线，样例如图10-13所示。

注意：柱子位置（柱子大小示意即可，由土建专业按强度要求设计）应按土建要求绘制，间距通常为300的整倍数，如3000mm、3300mm、7500mm等。

定位轴线是车间配置图的基础部分，这部分定好后，车间内所有设备、构筑物等均通过定位轴线来确定其在车间的布置位置。

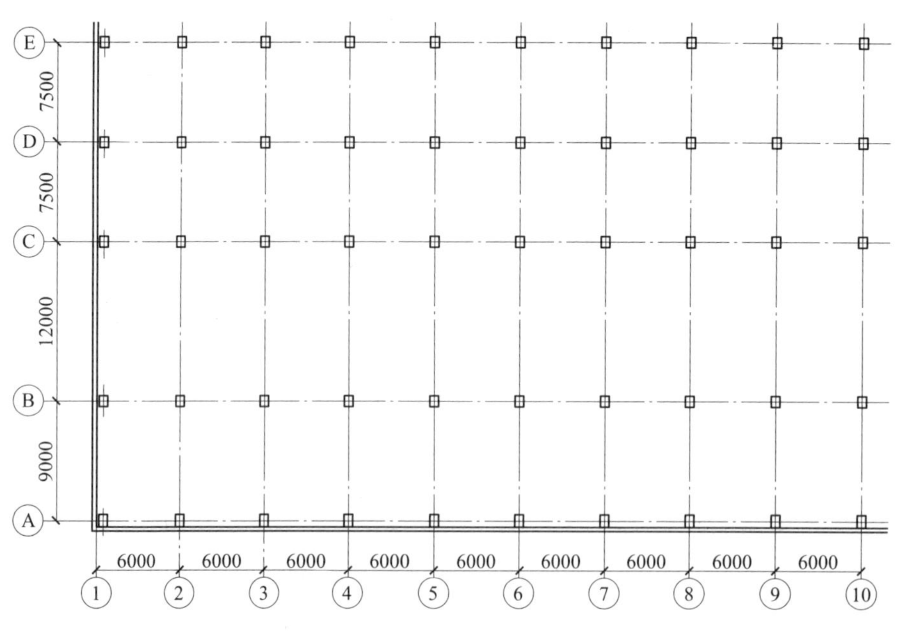

图 10-13 车间配置图定位轴线示例

10.8 剖面符号及材料剖面图例

10.8.1 剖视、剖面、向视、放大图及剖面符号

10.8.1.1 剖视图

剖视图主要用于表达车间设备配置（多用于竖向配置）。假想用一剖切面（平面）剖开车间，向剖切面的一个方向看，将车间剖视面上及剖视面一侧的部分配置情况向投影面上正投射，这样得到的图形称为剖视图（简称剖视）。

矿物加工工程专业的剖视图与机械图的剖视图不同，更类似机械专业的剖面图。但绘制方法又与剖面图不同，剖视图不用斜线表达剖面。矿物加工工程专业剖视图不展示看不见的设备内部结构，只展示车间设备的配置情况，因此主要表达的是剖视面一侧的投影情况，为完整表达一个车间，剖视面往往需选取多个，同时对应有多个独立的剖视图。

剖切符号如下：

（1）断面图与平面图不在同一张图上时，剖切线编号应采用粗罗马数字。断面图与平面图在同一张图上时，剖切线编号宜采用粗罗马数字，也可采用粗英文字母。工艺建（构）筑物联系图的平、断面图剖切线编号宜采用粗罗马数字，也可采用粗阿拉伯数字。

（2）同一张图中剖切线符号的大小、线条粗细应一致。剖切位置线的长度宜为 6~10mm；剖切方向线的长度宜为 4~6mm；剖切位置线与剖切方向线应相互垂直。

（3）在同一单位工程中，剖切线编号不应重复。

（4）剖切符号宜标注在平面图上，应在转折处将转折方位表示清楚。

（5）剖切线的箭头表示所视方向，宜向左方向和上方向看。剖切符号编号的顺序依次由左而右，再由下而上。

剖切符号画法：剖切面用带有箭头的直角弯线表示视角方向，用字母或罗马数字来命名剖视面，推荐使用字母，字母写于直角弯线内，箭头指向剖视方向，如图10-14和图10-15所示。选取剖视面非常关键，一般选取车间重要设备的中心线，如磨选车间（主厂房）通常选取一段磨机横、纵中心线、二段磨机中心线等；泵池的泵纵向中心线示例如图10-16所示。为表达更多的设备配置情况，剖视面上设备越多越好，可以采用相互垂直的折向平面。图10-16中，有*A*—*A*剖面、*B*—*B*剖面。其中*A*—*A*剖面是三个垂直平面构成的折平面，其剖视图主要表达与看视方向垂直面的配置情况。注意这种折平面的弯折位置一般选取在设备中心线上。剖开的截面根据材质不同，需进行填充预案或涂色，如水泥建筑截面。

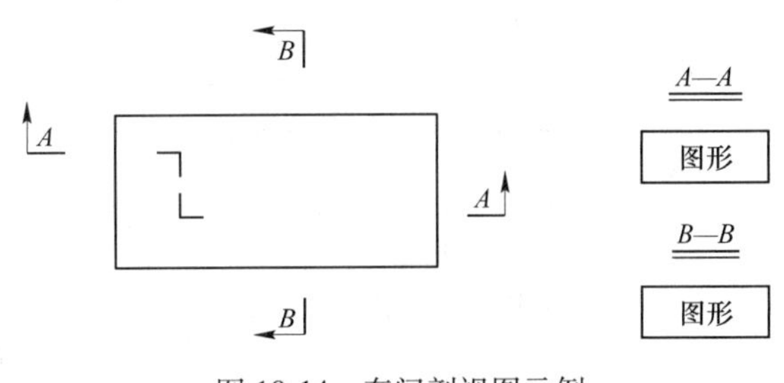

图10-14　车间剖视图示例

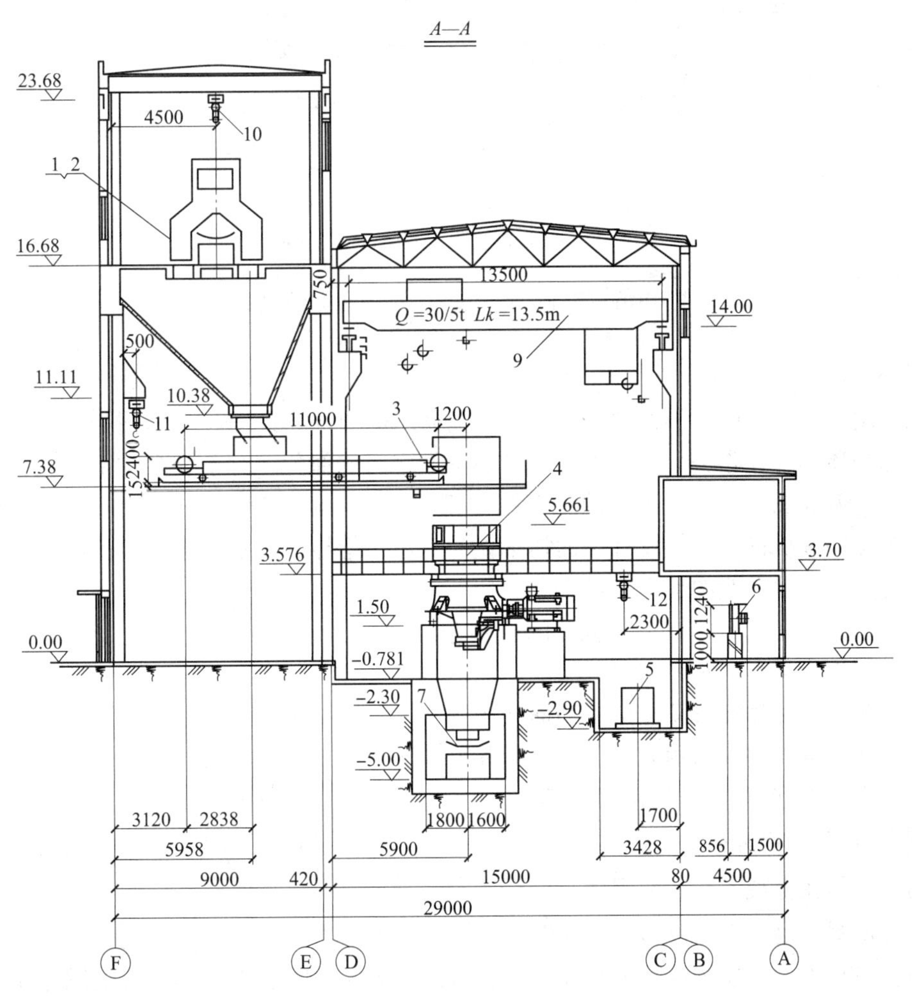

图10-15　某车间*A*—*A*剖视图

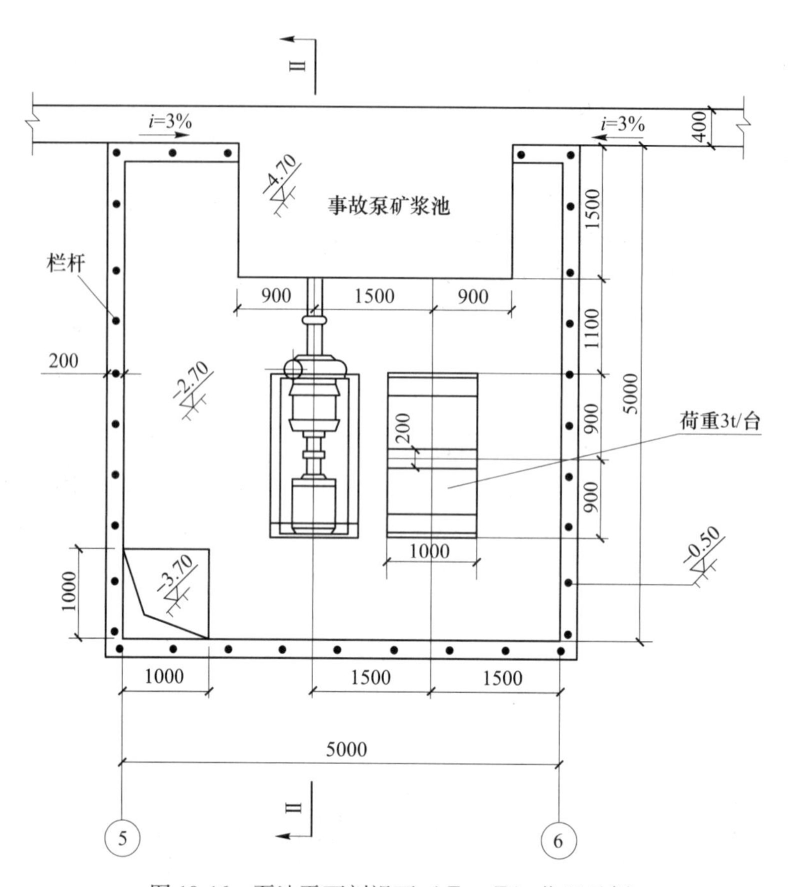

图 10-16 泵池平面剖视面（Ⅱ—Ⅱ）位置示例

10. 8. 1. 2 剖面图

剖面图是对有关的图形按照一定剖切方向展示的内部构造图。剖面图是假想用一个剖切平面将物体剖开，移去介于观察者和剖切平面之间的部分，对于剩余的部分向投影面做正投影图。剖面图一般用于工程的施工图和机械零部件的设计中，补充和完善设计文件，是工程施工图和机械零部件设计中的详细设计，用于指导工程施工作业和机械加工。

矿物加工工程专业的配置剖面图与机械零件的剖面图画法不完全一致，与剖视图的区别在于剖面线不用表示视角方向的箭头，如图 10-17 和图 10-18 所示。剖面图也仅仅绘制剖面线上的内容，剖视面选取与剖视图相同。剖面图使用频率远低于剖视图。剖面图不用斜线涂上剖面。

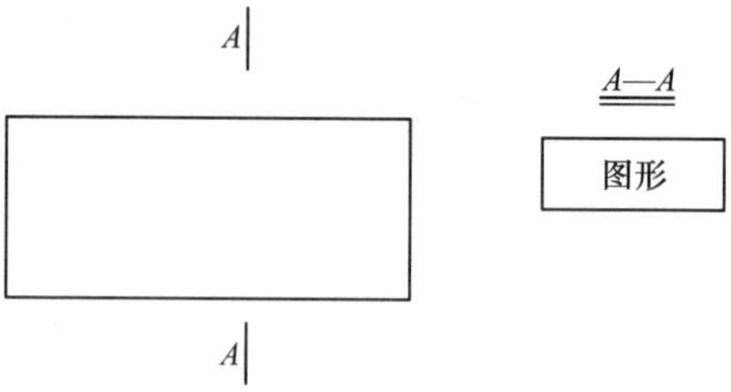

图 10-17 车间剖面图示例

10. 8. 1. 3 向视图

向视图是在主视图或其他视图上注明投射方向所得的视图，也是未按投影关系配置的视图。六个基本视图中，优先选择主、俯、左三个视图。当某视图不能按投影关系配置时，可按单独向视图绘制。单独向视图用于设备详图设计，补充展示三视图没有表达出来的方向视图，如图 10-19 所示。

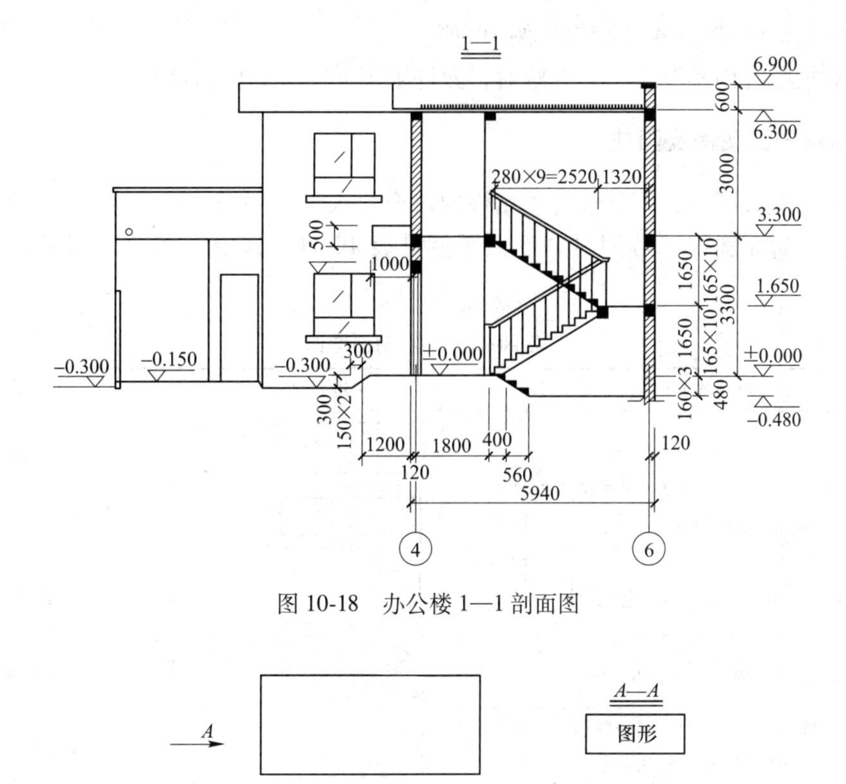

图 10-18　办公楼 1—1 剖面图

A
A—A
图形

图 10-19　向视图示例

10.8.1.4　局部放大图

当物体上某些局部细小结构在视图上表达不够清楚或者不便于标注尺寸时，可将该部分结构用大于原图的比例画出，这种图形称为局部放大图，如图 10-20 所示。

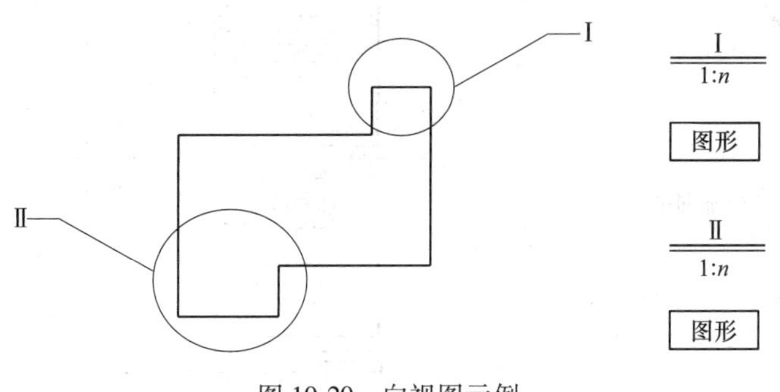

图 10-20　向视图示例

剖面、向视及放大图剖面图形命名与名称表示方法与剖视图一样，只是比例尺肯定与主图不一样，要标注于图名称横线下面。

注意：

（1）剖视、剖面、向视图的剖切符号，推荐使用英文字母，在一张图中各剖视、剖面、向视图不许用同一字母表示，按字母顺序注写；局部放大图用罗马数字表示。

（2）剖切符号写在图形上方。

（3）比例标注见 10.4 节绘图比例中的规定。

（4）对投影方向不至于引起误解时，允许采用无箭头的剖面符号。

10.8.2　材料剖面图例及画法

（1）工艺配置图中，钢筋混凝土结构的煤仓、水池、楼板、梁、柱及工字钢等断面，可用涂色代替断面斜线。常用材料剖面图例见表 10-11，其中大多数图例是用于充填图案的。

表 10-11　材料剖面图例

序号	材料或元件	表示符号	说　明
1	金属	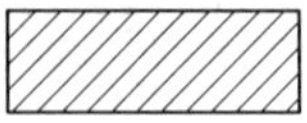	剖面线画满
2	线圈绕组	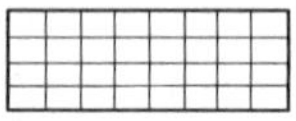	剖面线画满
3	转子、电枢、变压器、电抗器等	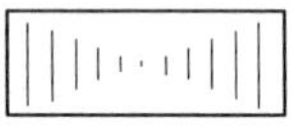	局部表示
4	橡胶、塑料等非金属材料	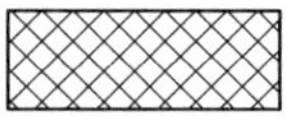	剖面线画满
5	砂、精矿、填料、混合料、陶瓷刀片、合金刀片等	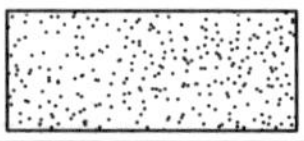	剖面线画满
6	玻璃等透明材料	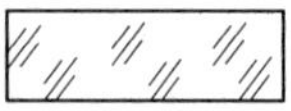	局部表示
7	木材横剖面/木材纵剖面		局部表示
8	液体	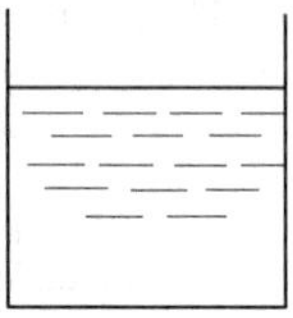	局部表示
9	金属丝筛网平面	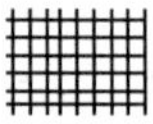	局部表示
10	玻璃及其他透明材料平面 玻璃及其他透明材料断面		局部表示 剖面线画满
11	木质胶合板		局部表示
12	基础周围泥土	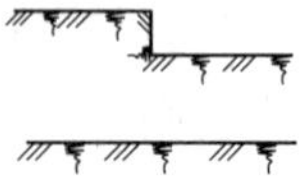	间隔表示
13	混凝土	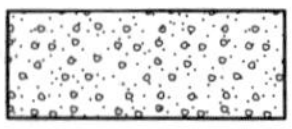 或 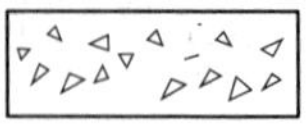	局部表示

续表 10-11

序号	材料或元件	表示符号	说　明
14	钢筋混凝土		剖面线画满
15	砖、料石砌体		剖面线画满 （厂房砌砖可不画）
16	块石		剖面线画满
17	筛网断面		局部表示

（2）剖面符号的画法：

1）在同一金属结构件图中，剖视图、剖面图的剖面线，应画成间隔相等，方向相同而且与水平成45°的平行线；当图形中的主要轮廓线与水平成45°时，该图形的剖面线应画成与水平成30°或60°的平行线。相邻的金属零件的剖面线，其倾斜方向相反，或方向一致但间隔不等。断面线的间距大小应根据图形的大小及易于与其相邻材料区别确定。

2）在金属结构件中，宽度不大于2mm的狭小面积的剖面，可用涂色代替剖面符号；当相邻剖面均涂色时，两剖面之间应留出不小于0.7mm的空隙。

3）被剖部分的图形面积较大时，可以只沿轮廓线的周边局部画出剖面符号。

10.9 尺寸和标高

10.9.1 尺寸标注法

（1）尺寸单位。除工艺建（构）筑物联系图及标高符号上的尺寸以m为单位外，其余图样（包括技术要求和说明）的尺寸均以mm为单位。若不遵循上述规定时，则必须注明相应的计量单位的代号和名称。

（2）尺寸标注：

1）尺寸界限、尺寸线、短斜线均为细实线。

2）尺寸线两端可用短斜线，也可用箭头。一般地，标注直径、半径、角度及机械零件尺寸，最好用箭头。

3）标注角度和圆的尺寸界线应沿径向引出，当半径太大时，半径线可采用折线表示。如图10-18所示。

4）尺寸数字一般注在尺寸线的上方（水平及倾斜尺寸）或左侧（垂直尺寸）的中央。当尺寸较密、数字重叠或紧挨时，必须将数字移开，以便能分清每个数字表示哪一段尺寸。图线可以穿过尺寸数字，但必须能看清数字，否则应将数字移开或将图线断开。

5）标注尺寸的符号及缩写词见表 10-12。如直径标注在尺寸数字前加“ϕ”，半径标注在尺寸数字前加“R”，板材厚度标注在数字前加“δ”，弧长标注在尺寸数字上方加“⌒”，以区分于弦长，如图 10-21 所示。

表 10-12 标注尺寸的符号及缩写词

序 号	含 义	符号或缩写词
1	直径	ϕ
2	半径	R
3	球直径	$S\phi$
4	球半径	SR
5	厚度	δ
6	均布	EQS
7	45°倒角	C
8	正方形	□
9	弧长	⌒
10	斜度	∠

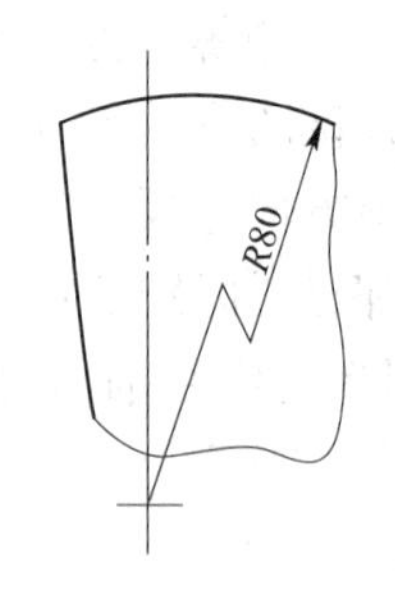

(a) 大直径标注

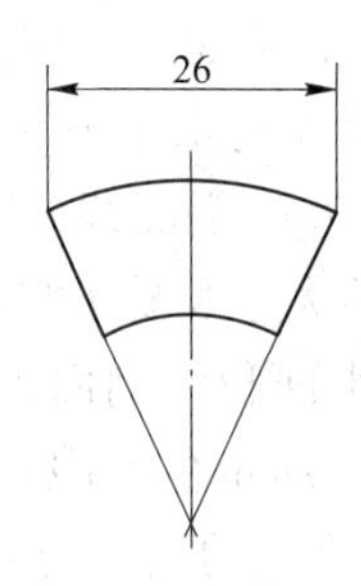

(b) 弦长标注

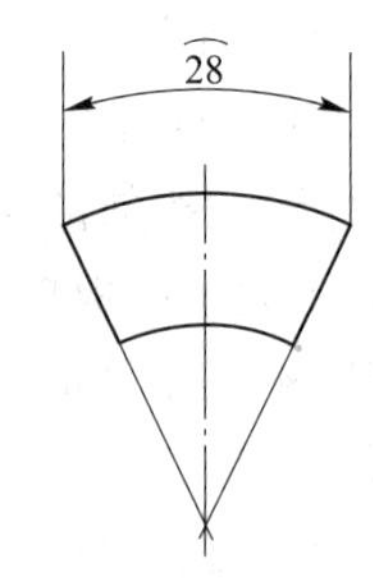

(c) 弧长标注

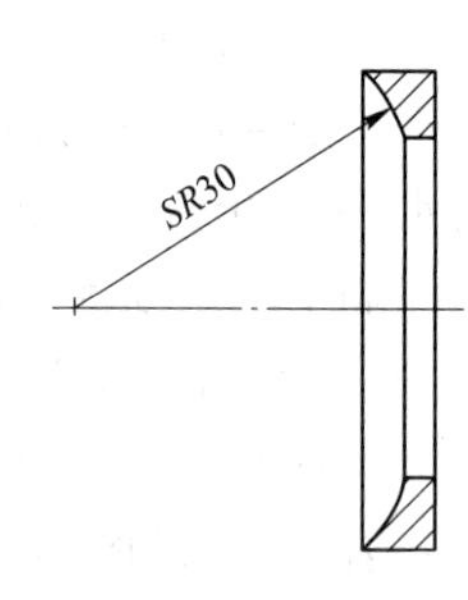

(d) 球面标注

图 10-21 大直径、弦长、弧长及球面标注法

数字尽量标注于尺寸线中间，靠上侧、右侧。尺寸数字不可被任何图线通过，否则应将该图线断开或引出尺寸线。

设备安装定位尺寸标注应符合下列规定：

1）当设备的中心线可明确表示时，应以设备中心线与建（构）筑物轴线或楼板（地板）的距离表示。

2）当设备中心线不易表示时，可用设备地脚中心线或外形轮廓线标注。

3）当某台设备位置确定后，其他设备可以此设备为基准标注其位置尺寸。

4）尺寸线应标注在建（构）筑物边线外，距边线宜为 20～30mm，各尺寸线之间距离宜为 8～10mm，与轴线编号圆圈的距离宜为 5mm。

局部拥挤情形处理示例如图 10-22 所示。

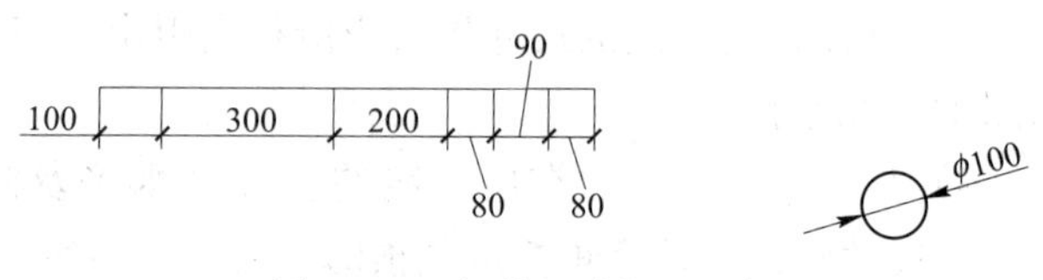

图 10-22 拥挤尺寸标注示例

10.9.2 标高的标注法

（1）标高以 m 为单位，标高的数字一般保留到小数点后两位，必要时也可注到小数点后三位。标高数字在小数点后第二位为“0”时，也必须将 0 注上，保持小数点后位数一致。高于±0.00 平面的正标高不用写上“+”号，低于±0.00 平面的负标高数字前写上“-”号。

（2）标高的标注符号及其画法要求见表 10-13。

（3）标注时要有整体长度和单跨长度，不要用封闭尺寸线，留下一跨不标注。如图 10-23 所示。

（4）标注轨面标高时，应在数字后加注“GD”符号，也可加注“轨顶”二字。

表 10-13 标高的标注符号及其画法

标高类型	符　号	备　注
竖向绝对标高	±0.00　3　135°	黑色实心正三角形。图中数字 3 和 135°表示正三角形的高度及与水平面夹角。底部直线与被标注平面对齐
竖向相对标高	±0.00　3　135°	空心正三角形。相对±0.00 平面的标高
平面图的绝对标高		位置不足时，将底部带有斜线的部分拉长引出，在被标注平面处加小黑点
平面图的相对标高		

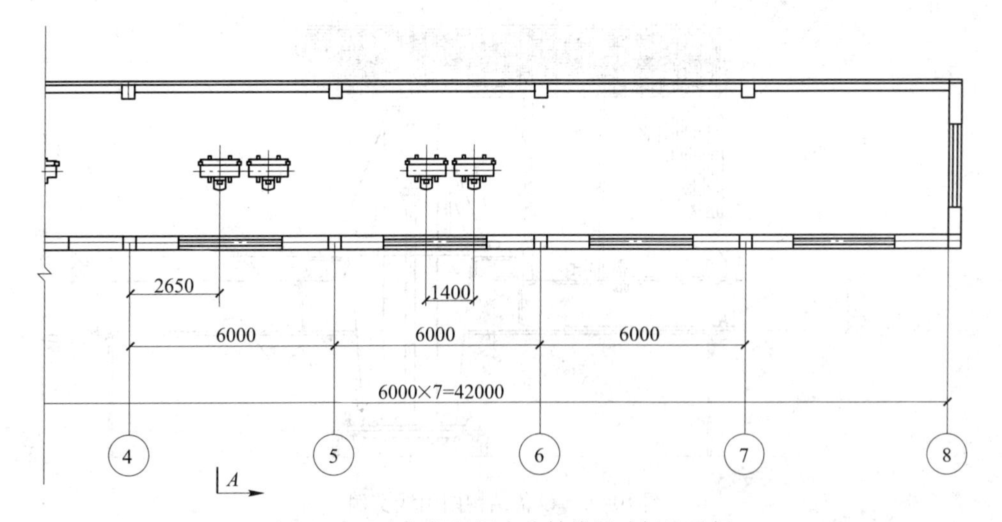

图 10-23 车间配置图定位轴线尺寸标注示例

10.9.3 设备、金属结构件的序号编排

（1）序号采用阿拉伯数字或大写数字依次编写，序号数字字高为5mm。图纸中标号下方为粗短横线，引线为细实线，起点为小实圆点。

关系清楚可用公共引线连续标注。

（2）选矿工艺各类型图纸中的序号，均从所指部分（设备、零、部件）的可见轮廓线内引出一条“指引线”，在指引线末端画一段粗实线（水平），线宽与图中的粗实线相同，线长比其上部的序号数字略长（在一张图中线长一致）。指引线之间不能彼此相交，当通过剖面时，不得与剖面线平行。当设备较多，出现重叠、拥挤时，可采用公用引出线表示，如图10-24所示。

（3）当旧厂房改造设计时，应将新、旧设备序号加以区分。新增设备序号应符合第（2）条中的规定，原有设备序号符号的横线应采用双横线，在粗实线的下面应再加一条平行细实线，如图10-25所示。

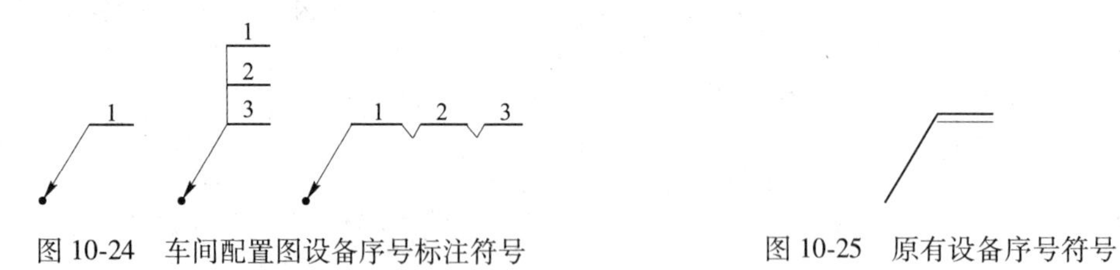

图10-24 车间配置图设备序号标注符号

图10-25 原有设备序号符号

（4）指引线可以画成折线，但只能曲折一次。对一组紧固件（如螺栓、螺母、垫圈）及相互关系清楚的组件，可以采用公共指引线标注，如图10-24所示，设备结构图引线实例如图10-26所示。

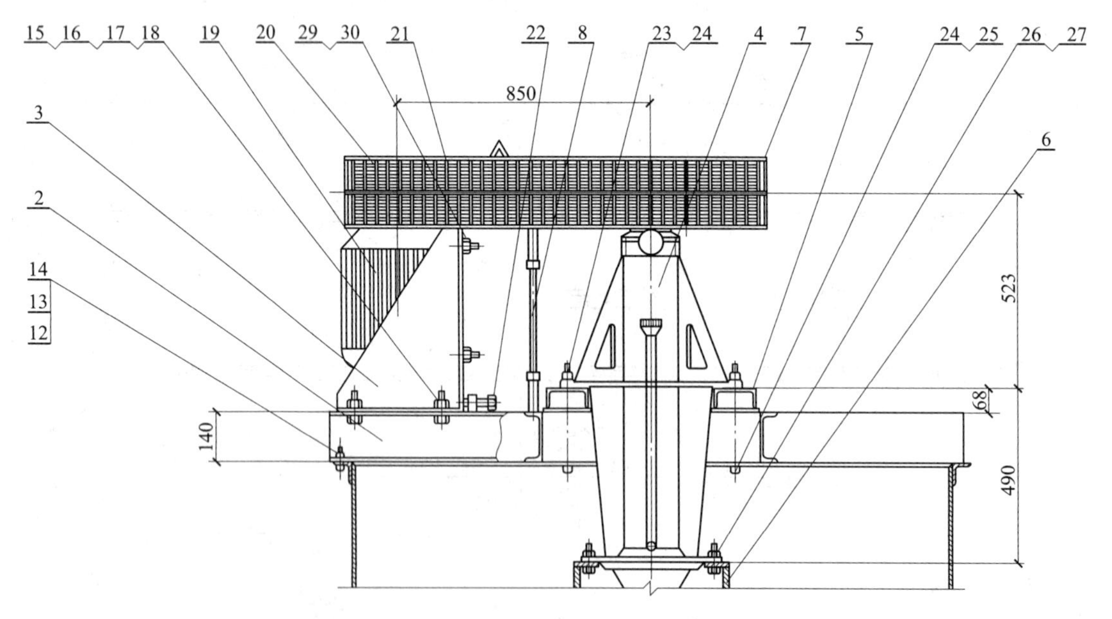

图10-26 设备结构图引线实例

（5）图中图位序号应与设备表、金属结构表、材料表、建（构）筑物一览表、管材表中的序号一致。

（6）图中图位序号的标注，应尽量标在图形外围，沿水平或垂直方向成直线布置，整齐醒目。序号尽量连续排列，若有困难可不连续排列。

（7）图中仅有一种序号，则按阿拉伯数字顺序排列编号；若有两种以上不同种类的序号时，其数字前加符号以区别。设备序号前加“S”，如S1、S2、S3等；金属结构件序号前加“J”，如J1、J2、J3等。

10.10 各类图纸内容及画法

10.10.1 选矿厂工艺图纸类型

选矿厂工艺图纸类型主要有：

（1）工艺数质量和矿浆流程图；

（2）工艺设备形象系统图；

（3）取样流程图；

（4）工艺建（构）筑物联系图；

（5）工艺主要厂房配置图；

（6）金属结构（零）件制造（安装）图；

（7）配管图（管路图）；

（8）（设备或机组）安装图；

（9）（各专业）委托图。

10.10.2 工艺流程图

工艺流程图分为原则流程图、工艺设计流程图、工艺数质量流程图、工艺数质量和矿浆流程图、取样流程图、工艺设备形象联系图等。

从工艺车间分包括破碎筛分（有时有干选）工艺流程图、选别工艺流程图、脱水工艺数流程图。

破碎筛分（有时有干选）工艺数质量流程图应标明年处理原矿量、原矿粒度；每段破碎作业的排矿口大小、排矿粒度；筛分作业的筛分效率、筛孔大小；最终产品的粒度；每种产品（包括原矿）的小时处理量、产率、品位、回收率；在说明中注明破碎筛分系统的工作制度、设备作业率及设备年运转时间；有干选时列表表示出原矿及最终产品的产率、年矿量、品位、回收率；指标标注图例。

选矿工艺数质量和矿浆流程图应标明年处理量、入选矿石粒度；每段磨矿细度；细筛筛孔；每种产品的小时处理量、产率、品位、回收率、浓度、水量；作业的加水量及水质（新水或环水），总水量和总的新水、环水用量；浮选的搅拌时间，浮选时间，矿浆的pH值，每种药剂的名称、用量和添加地点；在说明中注明主厂房的工作制度、设备作业率及设备年运转时间；列表示出主要选矿指标；入选原矿及最终产品的产率、年矿量、品位、回收率；水消耗指标（m^3/t原矿）列出总水消耗、新水消耗、环水消耗；药剂用量是对原矿还是对浮选原矿；指标标注图例。

各作业的金属量及水量必须闭合平衡。

流程图中以圆圈（粗实线）表示破碎、磨矿作业，圆圈中注罗马数字为破碎、磨矿段数，圆圈外注作业名称，破碎需标注排矿口宽度（如 $e = 30$mm）、排矿粒度（如 $d = 50$mm）。双横线（上粗下细，间距 1mm）表示筛分、分级、选别、浓缩及其他作业，作业名称注在横线上方，有关参数（如筛孔、筛分效率、pH 值、浮选时间等）注在横线下方。工艺设计流程用线流程表示，样例如图 10-27 所示。

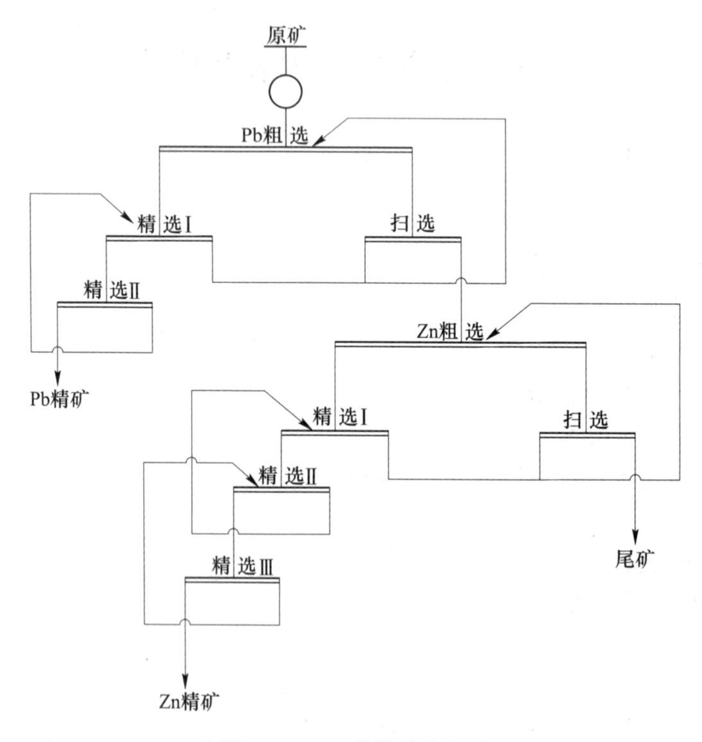

图 10-27　工艺设计流程图

10.10.2.1　原则流程图

原则流程图是表示选矿厂破碎、磨矿、选别等主要作业或循环关系的图样。原则流程指处理矿石的原则方案，浮选原则流程包括循环（又叫回路）、段数和矿物的浮选顺序。

（1）原则流程图上应表示：

1）矿石准备作业，如破碎、筛分、磨矿、分级等，以表示矿石被破碎处理后粒度的变化。

2）选别作业或循环，如浮选、重选、磁选等，以表示矿石被选别处理后质和量的变化。

（2）原则流程图上不标示脱水等辅助作业，也不标示水量指标。

（3）各作业阶段或循环用细实线方框表示，在方框内注明阶段或循环的名称。

（4）各作业或循环连接指示线采用粗实线，并在末端绘出箭头，连接指示线宜垂直或水平画出。

（5）对可能改建、扩建的作业阶段或循环用粗虚线表示。

（6）原则流程用框图形式，如图 10-28 所示。

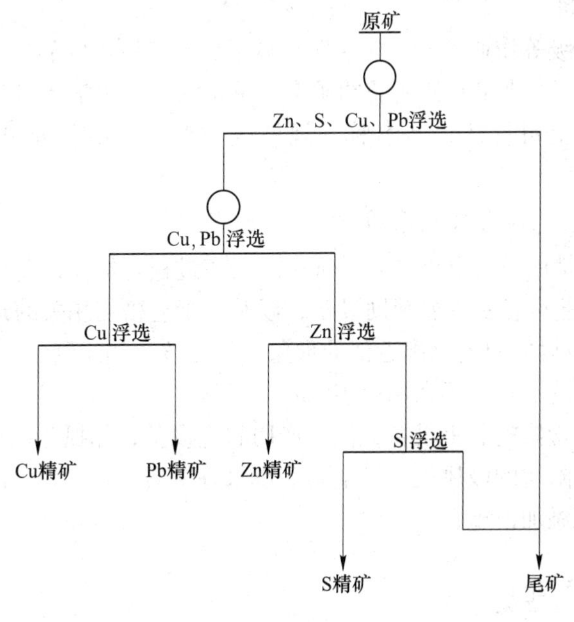

图 10-28　原则流程

10.10.2.2　工艺数质量流程图

工艺数质量矿浆流程图是表示选矿厂工艺过程各作业的相互联系及各作业产品的数量、质量、水量平衡关系的图样。一般工艺数质量流程图可单独绘制，或与矿浆流程图合并。

工艺流程图画法规定：

（1）破碎磨矿作业线用粗实线单圆圈表示。

（2）筛分、选矿、分级、搅拌、选别、浓缩、过滤、干燥、预磁、脱磁等作业线用平行双线表示，上线用粗实线，下线用细实线。

（3）作业产品指示线用细实线，其末端用箭头表示，指示线尽量水平或垂直画出，互相交叉时其中一条线上画出小半圆。

（4）总用水量用细实线单圆圈表示；新水和回水可以分别单独示出。

（5）作业及作业产品补加水的标注用细点划线。当需注明回水时，水量数字前加注符号“L”。

（6）预留、扩建及可能改变的作业，其作业线和指示线用同粗度的虚线表示。

（7）粗、中、细破碎不同作业率的表示、水单耗的表示、图例的表示等画法如附图 1-2 所示，工艺数质量和矿浆流程图样例如附图 1-1、附图 1-2 所示。

工艺流程图表示上应标注的内容：

（1）流程图上各作业应标注作业名称，如粗碎、中碎、细碎、筛分、磨矿、分级、粗选、扫选、精选、浓缩、过滤、干燥等。图中每一作业即代表每一种工艺设备的加工过程，但对某些辅助作业，如运输、储存、矿浆泵、取样等，习惯上不表示出来。

（2）各作业产品应注明产率、矿量、水量、浓度及作业药剂制度等指标。

（3）对破碎、筛分、磨矿、分级等作业阶段，应注明粒度变化指标。对破碎、筛分等作业阶段还应注明矿量、产率指标。

（4）对磨矿、分级等作业阶段，应注明计算金属平衡所需的品位、产率、金属回收率等质量指标，应注明计算水量平衡所需的矿量、重量浓度、水量等指标。

（5）工艺流程图上可标注设备名称、规格或数量，图中可列出综合指标和药剂用量表。

10. 10. 2. 3　工艺设备形象联系图

设备形象联系图是用设备形象来表示选矿厂工艺过程各作业设备连接关系的图样。图中需绘出选矿厂的工艺设备及主要辅助设备，以及与工艺密切相关的建筑物（如矿仓、精矿池等），所有设备或设施只需绘出近似的形象，不必按比例绘制。

下列各设施（或设备）可不在图中表示：

（1）用于安装及检修的起重设备，但生产用起重设备，如抓斗起重机等应表示；

（2）过滤设备所附属的鼓风机、真空泵、汽水分离器、强制排液罐等；

（3）药剂制备与添加设施；

（4）机修设施；

（5）漏斗、溜槽、支架等构件；

（6）工艺过程所附属的自动调节、控制、测量的仪表等。

当两个以上多系统的工艺流程，各作业阶段（或循环）及所用的设备规格、型号、数量完全相同时，允许只绘出一个系统，但在设备图形中应用阿拉伯数字注明其台数，或在附注设备表格中加以注明。

设备形象联系图画法规定：

（1）设备连接指示线（即物料走向线）应用粗实线绘制，其末端绘出箭头。指示线尽量水平和垂直画出，尽量减少交叉，必需互相交叉时其中一条线画出小半圆。对将来可能改变的指示线用粗虚线表示。

（2）设备或有关设施。工艺设备和辅助设备以及有关建（构）筑物设施的轮廓线线型应用细实线绘制；预留、扩建以及可能改变的设备或者设施的轮廓线应用细虚线绘制。

（3）原有系统的设备或有关设施用双点划线表示，并在附注中加以说明。

（4）当选矿厂采用两个以上系列生产时，各作业所用的设备规格、型号、数量完全相同时，可只画出一个系列，但在设备图形中要注明其台数，或在说明中注明。

（5）同一作业中采用数量完全相同的设备时允许只绘出一台，并在设备图形上用阿拉伯数字表示出设备数量；或在设备表中注明。

设备形象目前没有统一的国家标准，可参考 YS/T 5023—1994《有色金属选矿厂工艺设计制图标准》。设备形象应尽量线条少，但必须特征明显，以专业内从业人员一眼能认出来为准。设备形象联系图的布局很讲究，要精心设计，以最能表达工艺关系且能看出一些车间布局为佳。常用设备形象参考表 10-14，物料走向连接时注意设备的物料进口与出口。

某浮选局部设备形象联系图如图 10-29 所示，更多详细实例如附图 2-1 ~ 附图 2-3 所示。

表 10-14 常见设备形象图

设备名称	形象简图	设备名称	形象简图
颚式破碎机	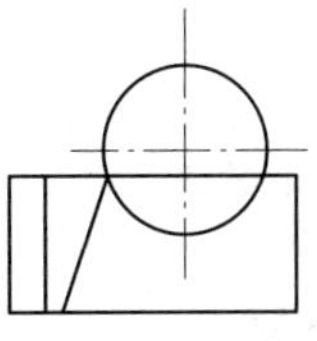	旋回破碎机	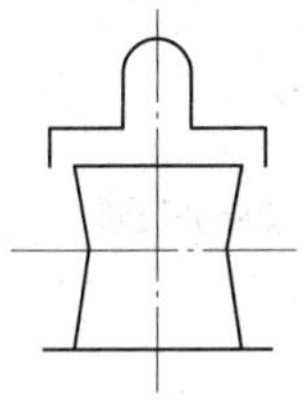
圆锥破碎机	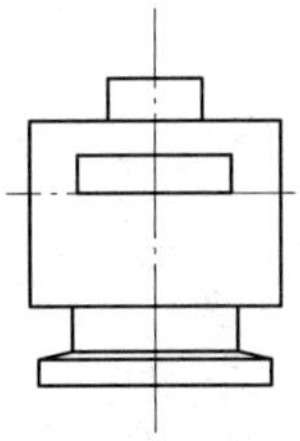	锤式破碎机	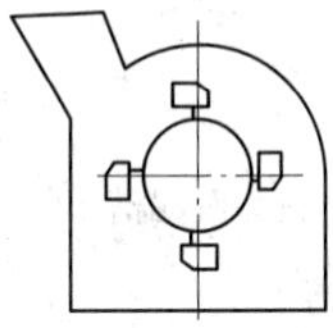
双层振动筛	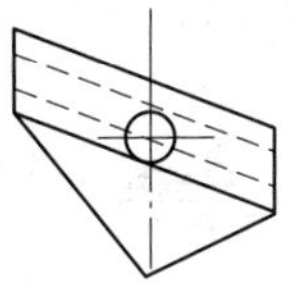	电振给料机	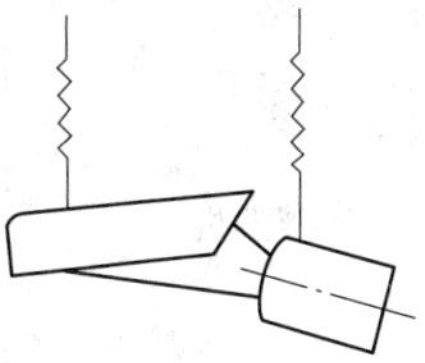
单层振动筛	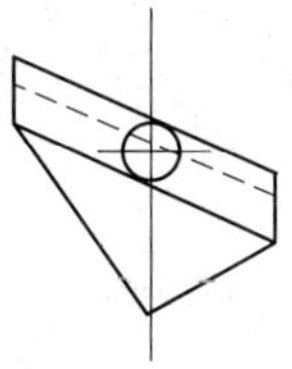	棒条筛	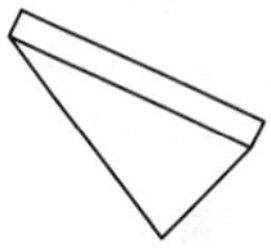
圆盘给料机	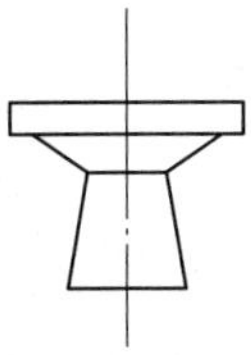	球磨机	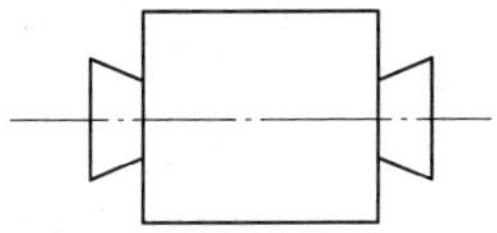
自磨机	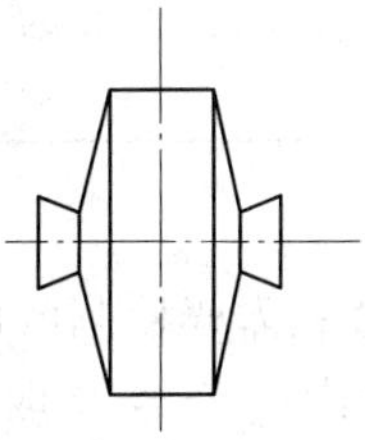	水力旋流器	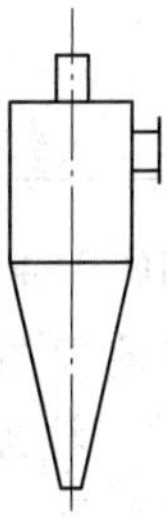

续表 10-14

设备名称	形象简图	设备名称	形象简图
螺旋分级机	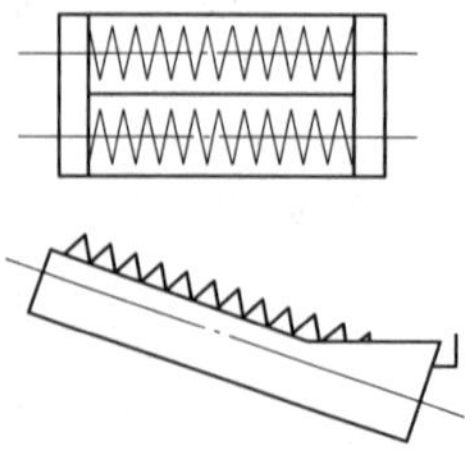	筒式磁选机	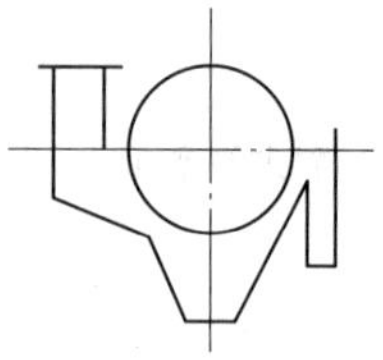
磁力脱泥槽	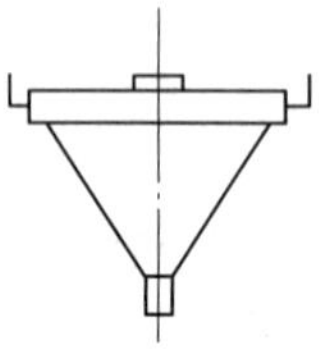	摇床	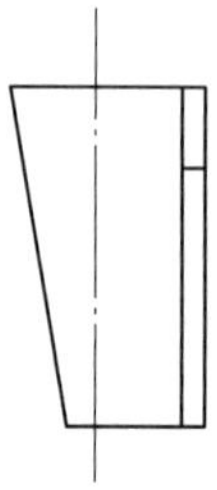
浮选机	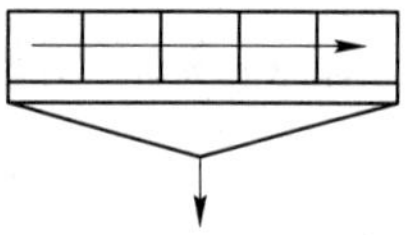	磁选柱	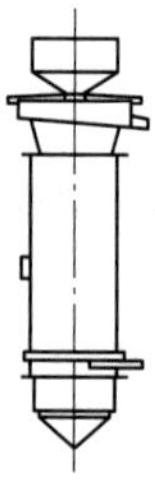
泵池	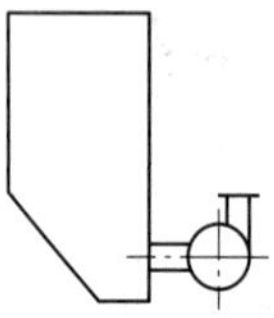	搅拌桶	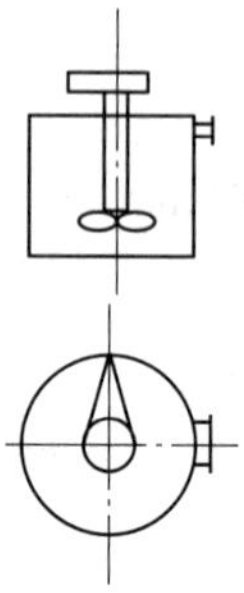
盘式过滤机	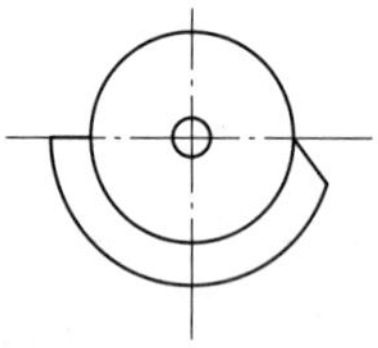	辐流式浓缩机	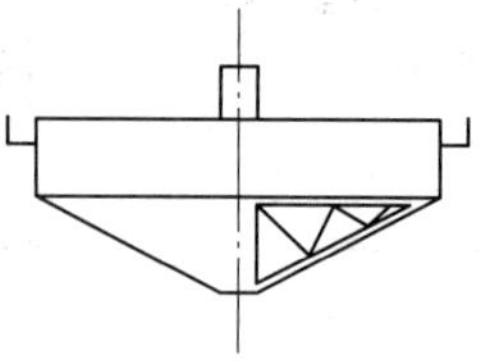

10.10.2.4　取样流程图

取样流程图是表示选矿工艺过程取样点的位置和需要检测的内容，如化学分析样、浓度测定样、粒度筛析样等的图样。各种矿样的代表符号及取样图的画法如图 10-30、图 10-31 所示。

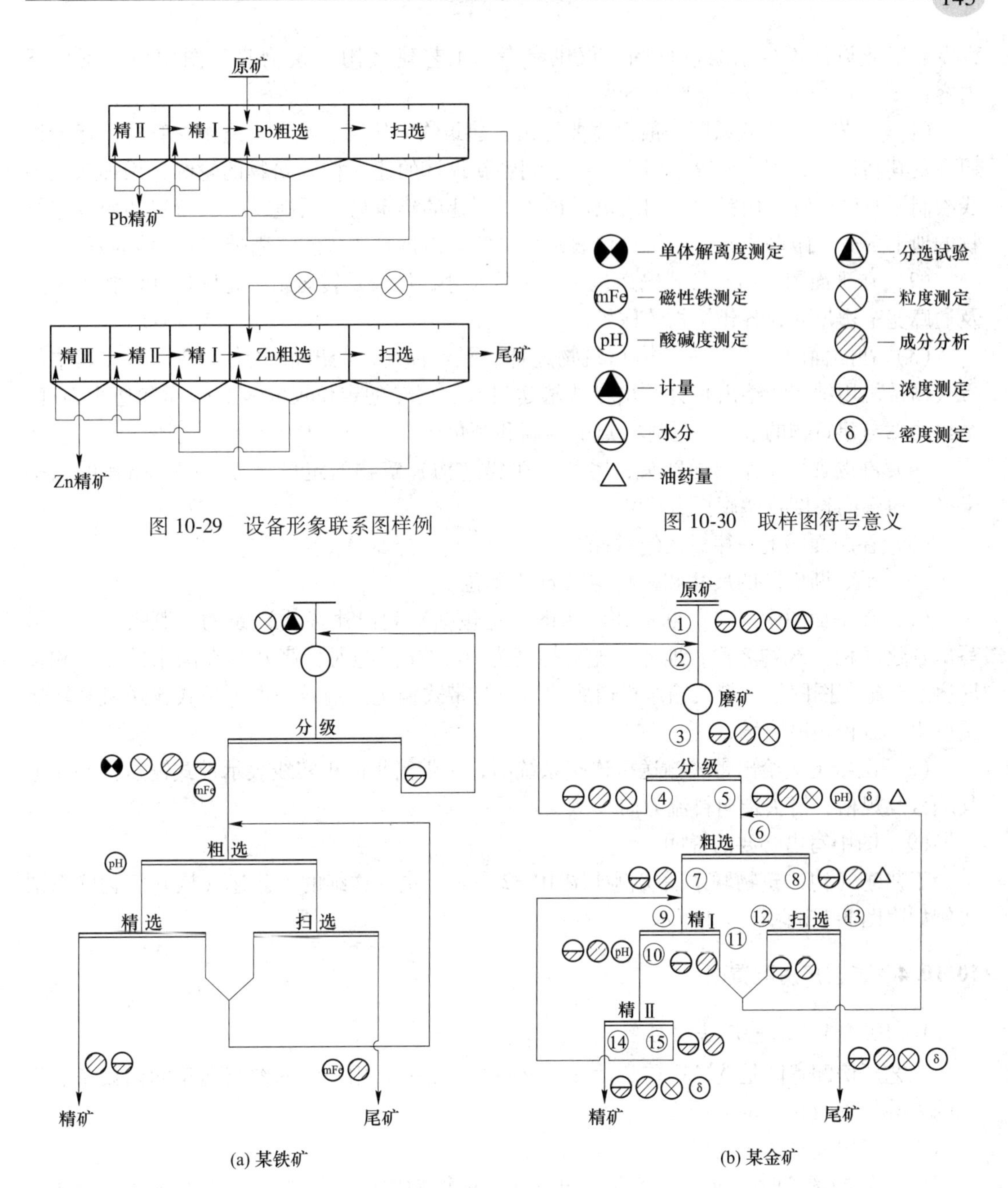

图 10-29　设备形象联系图样例

图 10-30　取样图符号意义

图 10-31　取样流程图样例

取样图要清晰标记出取样点、取样点的取样项目，一般用不同符号表示试样的不同测试项目，便于选取取样桶，以便达到必要的取样量。试样用途，如计算处理量，测定磁性率、粒度、细度、品位，进行浮选、磁选实验室试验等。

10.10.3　工艺建（构）筑物联系图

工艺建（构）筑物联系图是表示各工艺建（构）筑物之间相互联系的图纸。工艺建（构）筑物联系图图纸较车间施工图图纸可适当简化线条和少注些相关尺寸。矿物加工工程专业毕业设计不要求绘制此图，仅供参考。工艺建（构）筑物联系图中应包括以下内容：

（1）工艺建筑物联系图一般只需要绘出各建筑物的轮廓、地坪、通廊、管桥、运输机通廊及其转运站、浓缩池等。用粗实线绘制各新设计的建（构）筑物的轮廓，用细双点划线绘制原有建筑物，用粗双点划线表示预留或拟建的建筑物，用虚线表示新建和原有建筑物的地下部分，敞棚或露天建筑物仅表示出柱线。需拆除的建筑物用带“×”线表示。

（2）在平面图上给出带式输送机中心定位尺寸，厂房及转运站外轮廓尺寸、相距尺寸及通廊宽窄边尺寸，各建筑物的柱号。

（3）在断面图上给出建（构）筑物地坪、平台标高，绘出带式输送机通廊（其中的带式输送机用细实线绘出）并给出带式输送机头、尾轮的定位尺寸及胶带面和通廊高度，给出通廊与建筑物的节点、通廊折点的标高和倾角。

（4）在断面图上给出通廊头、尾部所在建（构）筑物的定位尺寸，凹、凸弧的曲率半径，通廊的长度及通廊折点尺寸。

（5）在断面图上一律标注绝对标高。

（6）平、断面图的尺寸和标高均以 m 为单位。

（7）在平面图中（平、断面在一张图中也包括）列出建（构）筑物一览表，表中填写出各建（构）筑物名称、地坪（相对标高为±0.00m）绝对标高及其在图中的序号和该厂房工艺施工图图号。带式输送机通廊编号应与带式输送机编号一致；带式输送机和转运站按生产流程顺序编号。

（8）图纸上应给出带式输送机连接系统图，用带箭头的粗实线表示带式输送机并注上其编号及规格，箭头指向料流方向。

（9）图中写出必要的说明。

工艺建（构）筑物联系图实例如图 10-32 所示。更为详细的工艺建（构）筑物联系图实例如附图 3-1 和附图 3-2 所示。

10.10.4　工艺厂房配置图

10.10.4.1　工艺厂房配置图规定

工艺厂房配置图是选矿厂初步设计的核心工作之一，用平断面图表达车间内设备、设施的安装位置及相互位置关系。

工艺厂房配置图一般规定：

（1）绘制图纸时，应首先考虑看图方便，根据物体的结构特点，选用适当的表达方式；在完整、清晰地表达各部分形状的前提下，力求图面简便。

（2）图形应按正投影法绘制，并采用第一角投影法。

（3）视图一般只画出物体的可见部分，必要时画出不可见部分。

（4）双点划线一般不应遮盖其后面的物体（如平面图中的吊车可画在检修跨处）。

（5）需要表示位于剖面以外（未剖上）的结构时，该结构用细点划线画出其投影轮廓。

选矿厂工艺厂房配置图专业规定：

（1）工艺厂房配置图系按选矿工艺要求表示厂房内工艺设备、辅助设备、金属结构等

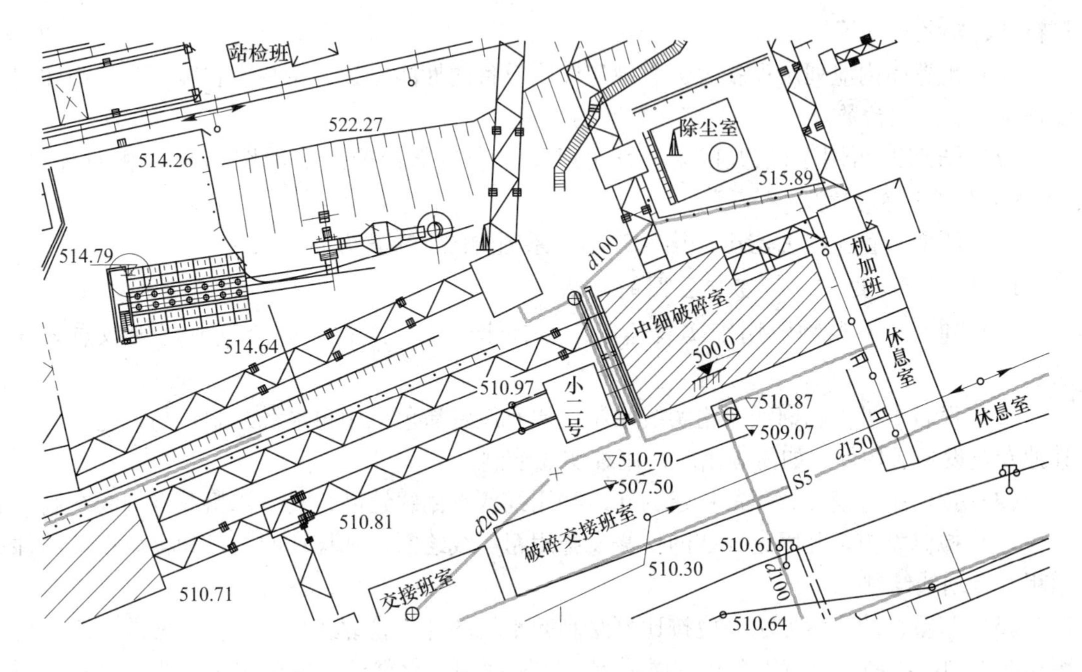

(a) 平面图局部

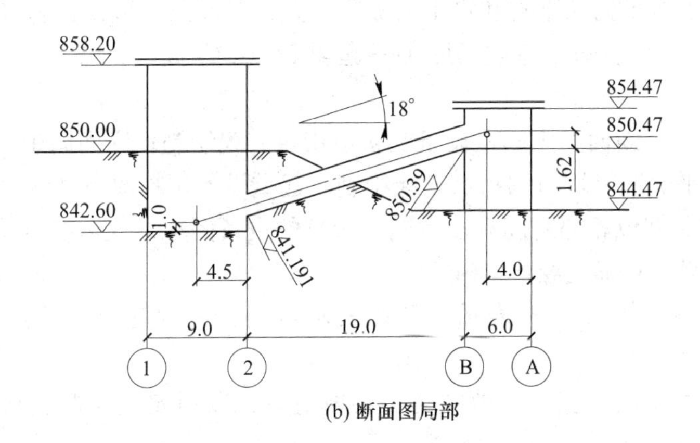

(b) 断面图局部

图 10-32　工艺建（构）筑物联系图实例（局部）

总体布置关系的图样。

（2）配置图必须表示本厂房内每台工艺设备、辅助设备和金属结构等在建筑物内的布置关系、定位尺寸、操作条件和检修场地等。

（3）起重机要标注吨位、跨度、吊钩极限尺寸、操作室的开门方向、进操作室的平台标高、大车在厂房两端的车挡定位、小车的轮距、滑线的定位和工作制度。

（4）绘图时，应按比例正确地画出各工艺设备、辅助设备及金属结构的外形和特征，其可见轮廓用粗实线，外专业设备用细实线绘制；建筑物轮廓、柱子、平台等用细实线表示；标注各层平台的标高及有特殊要求的平台尺寸。对于安装孔洞、梯子和栏杆等示出其形状及位置。配置在单独小房内的外专业设备仅注明该房间的名称，如配电室、控制室、水泵站、通风机室等。

（5）在表示矿仓的图纸中，要注明矿仓内储存的物料名称、有效容积、储存时间、物料粒度、松散密度等信息。

（6）配置图内应列出设备表，表中应注明设备的性能参数、左装、右装；备注中注明设备生产和备用台数。

（7）图纸说明用于图纸上应该表达但无法表达的内容。如本图标高为相对标高，±0.00m相当于绝对标高××m 等。

（8）图面布置应与工艺建（构）筑物联系图的图面布置方向一致。

10.10.4.2 选矿厂厂房配置图的画法

（1）建（构）筑物应用细实线绘制，原有建（构）筑物上应涂色或用细双点划线绘制。

（2）设备等可见轮廓线用粗实线绘制，原有设备涂色或用粗虚线绘制。与工艺有关的其他专业设备、构件，如需画出时，用细实线绘制。

（3）预留扩建设计。预留扩建的建筑物用细双点划线绘制，设备用粗双点划线绘制。

（4）检修设施。凡固定安装的检修设施用粗实线绘制，凡移动的设备和存放设备部件用粗双点划线绘制。

（5）起重机的表示方法。应按比例绘制起重机的外形轮廓及特征；在平面图上起重机用粗双点划线绘制，轨道用粗点划线绘制；在断面图上起重机和轨道用粗实线绘制；在断面图上标注出起重机吊钩在垂直和水平的极限位置；平面图上应绘出操作室位置，并用箭头表示入口方向。另外图上应注明：Q—起重量（t）、L_k—跨度（m）、H—起重高度（m）、工作制度。

（6）单轨葫芦。断面图中起重设备及轨道用粗实线绘制；断面图中应标注轨底标高和最小起吊高度；平面图上轨道用粗点划线绘制。起重设备用粗双点划线表示。

（7）在同一跨间或相邻跨间有多台同一规格的设备图形，仅需在首尾各绘一台比较详细的设备图形，其余可简化绘出。

（8）地沟的坡度用 $i=x\%$ 表示，箭头表示流向；地沟起点、转折点、终点应注出标高。

（9）铁路包括准轨铁路、窄轨铁路、斜坡道等，以粗实线绘制，轨顶标高的代号用GD，非标准轨距要注明。

穿楼面孔洞、梯子与栏杆（箭头方向均指向梯子上行方向）等配置图图样如图 10-33 所示，例图如图 10-34、图 10-35 所示，更多配置图实例如附图 4-1~附图 4-4 所示。

10.10.4.3 机组安装图

机组安装图是表示厂房内某部分的设备和零件安装关系的图样。

（1）机组图上的设备及构件的可见轮廓线应用粗实线按比例绘出其外形轮廓和特征；建筑物和其他专业的设备等应用细实线绘制；如果需要绘出与本图有关的设备、构件等应用双点划线表示。

（2）当设备在配置图中能清楚表示出安装关系时，可不另画安装图。

（3）安装图中设备及金属结构件的可见轮廓线用粗实线按比例绘出，建筑物、设备基础用细实线绘制，与本图有关系的工艺设备及金属结构的轮廓线用细双点划线表示，设备基础中的螺栓、预埋件（钢板、角钢、钢管等）用粗实线表示。

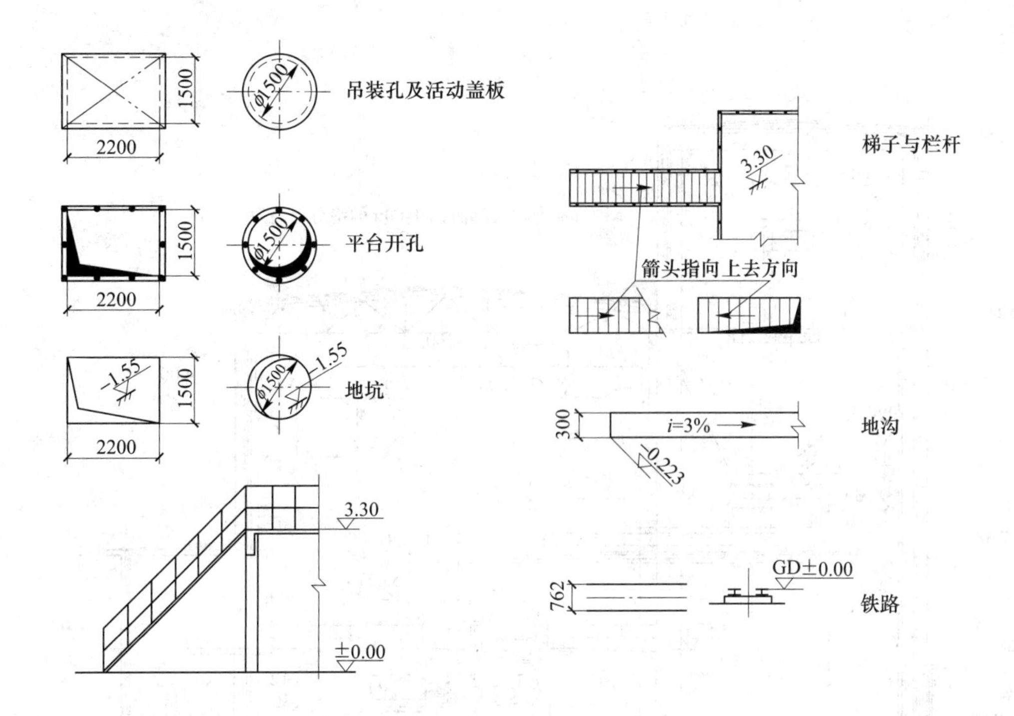

图 10-33　厂房（车间）配置图图样

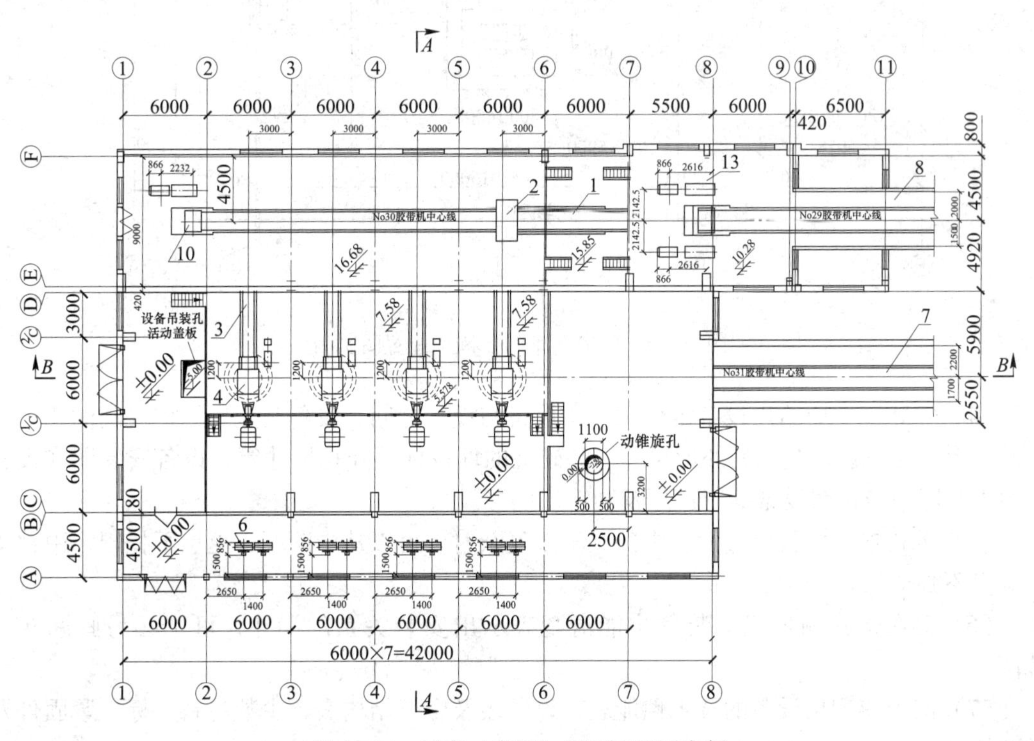

图 10-34　厂房（车间）平面配置图实例

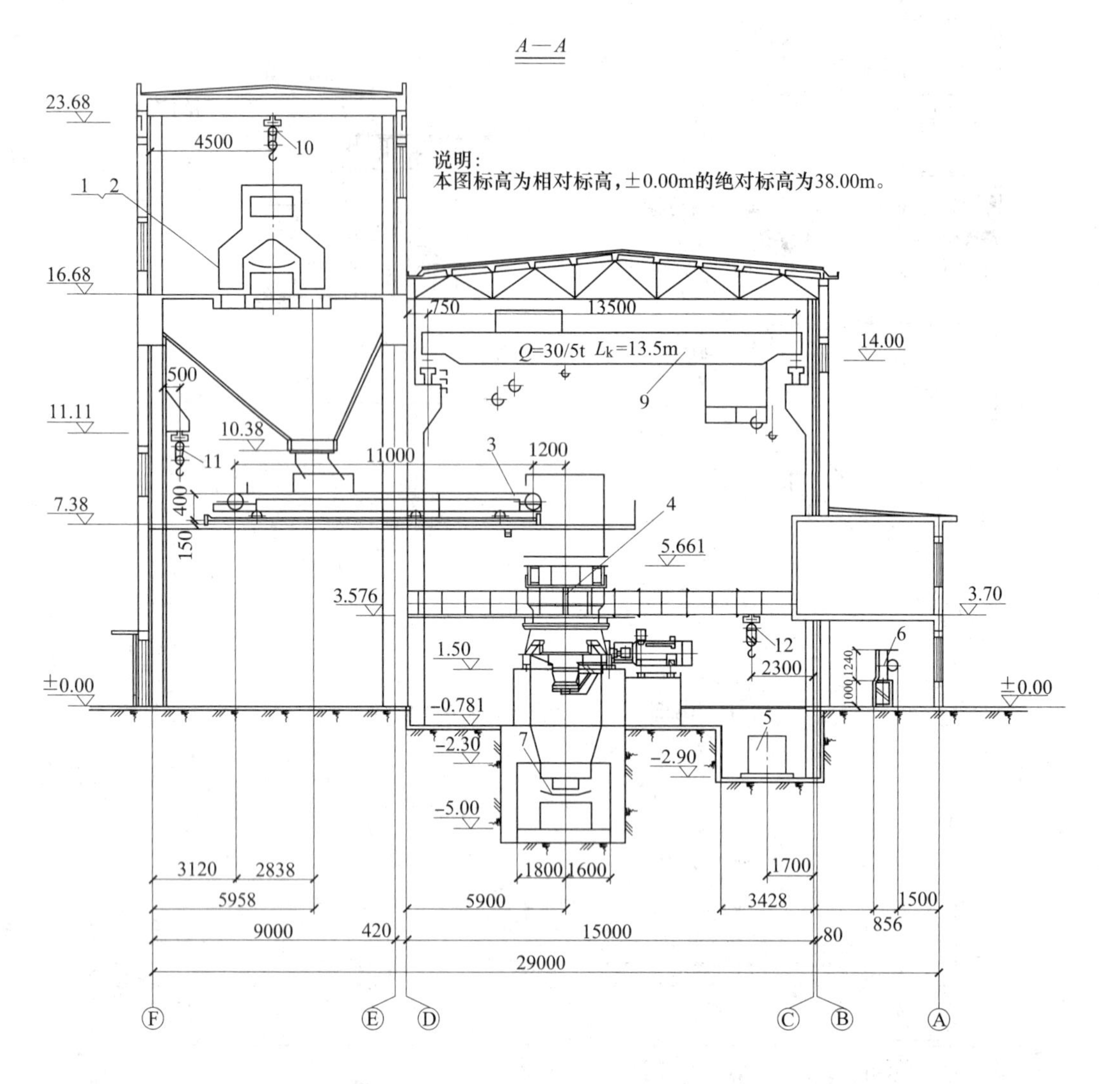

图 10-35 厂房（车间）断面配置图实例

（4）安装图中应给出设备定位尺寸，设备与设备之间、设备与金属结构之间的相关尺寸及外形尺寸，设备基础的外形尺寸，基础上的埋设件及开孔尺寸等；设备安装图和设备机组安装图中应说明设备的制造厂及制造厂图号。

（5）带式输送机长度过大而中部又不太复杂时，可以从中断开；上、下托辊，中部支架等可不必全部画出。

（6）对在带式输送机安装图中能清楚表示出安装关系的漏斗，可不必另画漏斗安装图。

（7）图中应列出设备的技术性能表、设备表及金属结构表，少数材料、标准紧固件及其他构件可编入金属结构表的最后几栏中。

（8）设备安装图、设备机组安装图如附图 5-1 和附图 5-2 所示。

10.10.5 金属结构零件制造图

（1）金属结构零件制造图是表示构件（如漏斗、溜槽、支架、机座、密封罩、保护罩等）的结构形状、加工要求的图纸。

（2）焊接构件的总图及零件图可在一张图中绘出。需要时，可示出其安装关系，作安装图用。图名中需加上“制造图”或“制造安装图”。

（3）锻件、铸件、机械加工件的制造图画法，按国家标准《机械制图》中的有关规定执行或委托机械专业设计制作。

（4）锻件、铸件及需经车、铯、磨、铣等加工的零件，为避免小型图纸过多，翻阅麻烦，在工艺图纸中允许多个小张零件图集中在一张图纸上，画出每个零件图的分界线，分别各自编排图号。

（5）下列情况不需出图：

1）国家标准、部颁标准和产品样本中的系列产品。

2）在制造图上能清晰地看出实物形状及尺寸的零件（但需在材料表备注栏内注明“无图”）。

（6）材料表中零件的编排顺序如下：

编排材料表的序号时，先进行同类材料整理，然后按下列顺序编排：

1）铸件、锻件和其他加工件。

2）型钢。工字钢、槽钢、角钢、钢板、扁钢、圆钢、方钢、钢管、钢绳及其他材料（如橡胶带、帆布等）。

3）标准件。螺栓、螺母、垫圈等。

（7）材料表中的材料名称用中文注写。长度、厚度等用符号表示，长度用 L，厚度用 δ。标准件的备注中注明国家标准代号。

（8）金属结构零件的可见轮廓线用粗实线按比例绘制，对于厚度较小的部件难以按比例画出时，可适当加大。金属结构制造安装图中的建（构）筑物、基础用细实线表示。与本图有关的设备及金属结构件轮廓用细双点划线表示。

（9）制造图中有型钢与钢板焊接时，需画出型钢与钢板焊接大样。

（10）金属结构件在说明中注焊接方法、钻孔及刷油要求（如有施工图总说明，则可在总说明中将这些普遍的要求写上，不必每张图都写）。

金属结构件制造图如附图 6-1 和附图 6-2 所示。

10.10.6 配管图

（1）选矿厂工艺管路一般指矿浆自流管、压力管，药剂管，真空管，压气管，润滑油管等各种类型管路，以矿浆管为主。

（2）配管图以正投影法绘制，管路用粗实线画出，在管线中间断开几处，断开处注上数字，该数字即是管路的序号，如—3—3—3。设备及建筑物用细实线表示。

（3）管路路线除与设备相交接处或有特殊限制的地方处要注明定位尺寸和控制尺寸外，一般以示意为主。

（4）矿浆管路除与设备、闸门等用法兰盘连接外，其余各处均采用焊接连接。

（5）管路中的一般弯头不单独给出，所给的管长包括弯头。三通管、异径管、法兰盘、法兰垫、固定吊架、托架等尽量采用标准件。

（6）配管图一般编制两个表，一为管材表，将管路按用途、序号顺序编排，在表中给出管路起点、终点、最小的安装坡度、条数、规格、总长、总重等；另一个为金属结构表，其中包括闸门、法兰盘、管托架、吊架等。

（7）图纸说明中注明：

1）连接方法及要求；

2）防腐要求；

3）试压要求；

4）符号及图例说明；

5）其他。

（8）管径分别用 D、d、DN 表示外径、内径、公称直径，管长用 L 表示。

（9）主厂房矿浆管路配管图图例如附图 7 所示。

10.10.7 选矿专业委托有关专业委托图的内容及画法

10.10.7.1 委托图的类型

（1）工艺建（构）筑物联系委托图；

（2）厂房配置委托图；

（3）设备基础委托图；

（4）厂房各层平台委托图；

（5）通廊委托图；

（6）其他委托图。

10.10.7.2 工艺建（构）筑物联系委托图与厂房配置委托图

工艺建（构）筑物联系委托图与厂房配置委托图图纸内容及画法与施工图基本相同。但厂房配置委托图更详细、更具体，表现在除施工图的内容外，需给出吊车轨道型号、最大轮压，对关键部位梁、柱断面的尺寸限制，给水点定位及管径、露出基本管长等。对电气的要求：照明、检修用安全照明、电焊机插座等。厂房的采暖要求，操作室的隔音防尘要求。

10.10.7.3 设备基础委托图

工艺设备基础委托图的内容有：基础螺栓，基础轮廓，基础高度，二次浇灌层的厚度，预埋的钢板、型钢、钢管，设备之间及与厂房之间的定位尺寸，每台设备的基础静荷载，具体绘法如附图 8 所示。

设备基础上的预埋套管的管径应为螺栓直径的 3 倍，特殊情况也不应小于 2 倍。

基础的静荷载包括设备本身净重、最大料重、附件及其他施加在设备基础上的各种外力。

10.10.7.4 各层平台委托图

各层平台委托图的内容有平台上全部工艺需要的埋设件，基础孔，排矿孔，捅料孔，安装孔，管道孔，设备穿过的孔洞等尺寸，定位尺寸，关系尺寸，工艺要求的梁、板、柱极限尺寸，平台大小尺寸。

给出平台静荷载（可分区给出）。平台委托图图例如附图9所示。

10.10.7.5　通廊委托图

通廊委托图包括平、断面委托。

（1）断面图上给出通廊编号，两端厂房名称，有关柱号及定位尺寸，节点标高（绝对标高），水平长度，通廊高度，地面地形，通廊倾角，曲率半径，曲线段的始、终点定位，支架的定位，通廊实长（可分段给出）。通廊地板上有孔洞时，给出定位尺寸，必要时绘出辅助视图。断面图上一般不标注荷载。

（2）平面图上给出通廊两端建筑物的柱号、通廊宽度、宽窄边尺寸、基础埋设件布置及荷载。

（3）带式输送机中部支架基础荷载单位为kN/m，通廊荷载单位为kPa。

（4）图中尺寸除标高和曲率半径的单位为m外，其他均以mm为单位。标高为绝对标高。

（5）说明中应注明对通廊冲洗、采暖、设电焊机插座的要求。

（6）通廊委托图绘法如附图10所示。

10.10.7.6　其他委托图

其他委托图有设备连锁图、浓缩池、管桥、大型支架、料斗、料场、泵池及墙、柱上的埋设件等委托图。设备连锁图绘法如附图11所示。

10.10.7.7　对委托图的一些绘法要求

（1）委托图除车间配置图外，凡是委托给外专业的图形，均用粗实线绘制（包括基础上的埋设件、加水点等）。

（2）除一般要求外，对委托图的特殊内容和重点要求必须反映清楚（如梁高、柱宽、空间大小等的特殊要求）。凡在委托任务书中未能说清楚的，在委托图中给出，严防漏项。

（3）委托图的深度要满足所接受专业的要求，资料可靠、数据准确。

（4）绘制委托图，图形比例必须准确，以便发现问题、校正错误。

11 选矿厂安全卫生与环境保护

11.1 尾矿设施

尾矿设施一般包括尾矿库地址的选择、确定，尾矿坝的筑坝方式，尾矿输送系统的设计，尾矿水的回收利用四个方面的设计内容，毕业设计中可根据需要针对上述四个方面：

（1）简单明了地描述尾矿库地址的选择比较情况。

（2）简述尾矿设施各项目的用途及意义，并以图例表示出选厂尾矿设施的各个项目、尾矿排送及堆存方法。

（3）说明回水处理的必要性和利用回水情况，列出回水利用设施的工程项目名称。

（4）尾矿、回水设施项目的设备、构筑物工程量、所选设备及构筑物（如尾矿泵站、斜坡卷扬或深井、浮船水泵站、输送管渠的距离）等，均采用扩大技术经济指标（可参阅《选矿设计手册》，并累计算出整个工程量（设备与建、构筑物）和投资，但应与经济篇的估算一致）。

11.2 选厂废水处理设施

此处废水处理设施专指选厂生产系统中，所有地面之矿浆溢流水、冷却油污水、地板冲洗水、含药剂废水等直接排入尾矿输送系统，在尾矿库中需要药剂达到沉清净化的处理设施；和生活污水注入天然水系造成对周周环境污染所必须设置的一套处理污水设施。

同样，叙述废水处理的方法、达到环境保护规定排放指标的情况，以及处理设施项目工程量的大小和投资额。

11.3 选厂通风防尘设施的设置

（1）简述选厂粉尘的危害程度，列表说明选厂粉尘、烟尘产生地点和必须控制的地点。

（2）简述对各产尘点所采用的通风除尘方式，及预计达标情况。

（3）利用扩大指标计算全厂通风除尘系统的工程量。

如果各车间通风除尘工程量已计算在车间工程投资数中，则不再计算通风除尘工程投资。

11.4 选厂环境保护、安全卫生、消防及节能

（1）环境保护。包括废水、废气、废渣、废石尾矿等的治理工艺过程和噪声、振动防治措施，评价选矿厂建设前的环境背景和选厂建成后对环境的影响，说明选矿厂的环境保护管理机构，环境监测手段、体制、主要仪器及当地环境保护部门的意见。

（2）安全卫生。包括通风防尘检测及化验设施，人员配备，防火、防水，以及生产安全措施等，选矿工艺过程中降低粉尘，缩小扩散范围净化空气的综合措施，厂区公共福利、卫生绿化设施。

（3）节能。新建选矿厂的节能措施就是全面贯彻精料方针；积极采用先进技术、先进工艺；推广使用纤维耐磨材料设备，建立和健全能源管理制度。

11.5 “三废”处理系统的配置

在选矿厂生产过程中，主要有噪声污染、含粉尘废气及燃料锅炉废气污染、固体废弃物污染、废水污染。根据“三同时”原则，在设计选矿厂时，环保系统的设计应与主体工艺设计同时进行。“三废”排放应遵守有关标准及规定，如水的环境保护标准，大气的环境保护标准，废渣的环境保护要求，防暑、防寒规定，工业企业噪声卫生标准，放射性防护规定以及空气中粉尘含量标准等都应遵守执行。随着国家的发展，人民对美好生活的向往，环保政策要求越严厉，选矿厂噪声与“三废”治理必须高度重视。

11.5.1 噪声控制

选矿厂的噪声污染主要来源为破碎机、筛分机、磨机、磁选机、风机等设备产生的机械噪声。对噪声的控制应从声源降噪、传播途径阻噪、吸声与消声、加强防护等方面考虑。国家标准要求厂界噪声昼间不大于65dB(A)，夜间不大于55dB(A)。

（1）声源控制。最高限度降低噪声污染的根本途径是减少机械设备的振动和噪声，主要措施有：

1）选用低噪声设备。在满足工艺生产的前提下，尽可能选取低噪声设备。

2）减震与隔震。通过采用橡胶减震垫、橡胶剪切型减震器、橡胶剪切型减震器、建筑减震夹层等措施减震与隔震。

（2）传播途径控制。

1）对噪声较大的设备，如振动筛、空压机等设备采用空间封闭的方式，减少噪声的对外影响。

2）提高自动化程度，减少工人与噪声接触的时间。

3）在进气口、排气口或气流通道上加装吸声与消声装置，减少空气动力性噪声。

（3）加强防护。

1）隔声控制。操作室、休息间、化验室、办公室等区域，设计时尽量远离噪声源，或利用建筑物、构筑物进行阻隔屏蔽噪声；利用吸音玻璃棉墙面、吸音玻璃棉毡吊顶。

2）高噪声工段，如筛分机岗位、磨机岗位，一是采取间歇性工作制或2~4h轮班制

度；二是采取听力保护防护，如耳塞、耳罩和头盔等。

11.5.2 含粉尘废气控制

选矿厂废气主要来源于矿石破碎作业、筛分作业、胶带运输机转运站和通廊、球团及热力系统等区域。主要来自破碎、筛分、转运、配料等生产过程，主要的产尘点包括破碎机、给矿机、皮带头尾部、振动筛、料仓、卸料皮带等。控制措施主要有：

（1）粉尘源控制。在进料口、出料口用水幕、水雾进行降尘，或设置密闭吸风罩再通过除尘装置进行净化处理，资金充裕时可设计静电除尘等效率高的除尘设施与设备。

（2）锅炉烟气需进行脱硫除尘处理，国家排放标准要求净化后废气中粉尘浓度低于150mg/m^3，二氧化硫浓度低于800mg/m^3，烟囱要高出烟囱半径200m以内建筑物3m以上，总高度不得低于45m。

（3）车间及操作室等需定期进行冲洗，清洁工作环境也能防止粉尘再次扬起。

（4）配备必要的防尘劳保用品，定期检查职工身体。

11.5.3 废石、尾矿固体废弃物控制

预选作业产生废石、选别作业产生尾矿，都需要根据国家相关法律法规进行合法、合理的处理与处置。一般建有专门的废石场和尾矿库进行堆存，需进行水土流失治理，后期需进行生态恢复治理。废石场、尾矿库国家严格控制新增容量，因此加强综合利用，大量消化废石、尾矿等固废是目前的大趋势。

11.5.4 废水控制

选矿厂废水包括生产污水、收尘污水、药剂污水、生活污水等，设计中应根据不同性质分别处理。

选矿厂废水在控制污染的同时，应重视回收利用，新设计选矿厂回水（中水）利用率应大于等于92%。选矿厂多为湿法选别，水量消耗巨大，废水量也巨大，因此废水处理设施与设备较为复杂，有以下几个方面：

（1）地面排污系统。根据污水性质不同，分别设置不同系统。生产污水（地面污水、事故池放矿污水）一般不宜直接向厂外排放，应通过地沟汇集于污水池，利用污水泵返回生产系统中；收尘污水（破碎及精矿干燥）不得向外排放，应通过管道、溜槽或地沟汇集于泵池和沉淀池中；经过处理分别将矿砂和水返至各自回收系统，不能利用的废水、废砂应送入尾矿系统。

（2）排污沟结构形式。为便于施工一般采用矩形断面。地沟宽度一般为300~600mm，考虑清理方便，宽度不宜过窄过深。地沟始点深度可取50~100mm。地面坡度不应小于地沟坡度。破碎厂、磨浮厂、磁选厂可按3%~5%考虑。重选厂粗粒、大密度物料自流输送的地沟坡度，可大于7%，一般为4%~6%。地沟表面应设格栅或盖板确保安全。

（3）事故池容积及返回措施。事故放矿池的容积，原则上按一次性事故的矿浆量考虑。当矿量特别大时，可考虑扣除部分水量计算所需事故池容积。返回措施多用高压水先行造浆，再用砂泵返回适当地点，返回量要控制均衡，以不造成生产波动为原则。

（4）污水沉淀池形式及清理方法。沉淀池一般位于厂房外最低处，为清理方便，最少

应分为工作区、沉淀区、清理区3个区，按不同要求轮换使用。沉淀池与污水池的沉砂或底泥一并纳入尾矿库，以便统一处理。沉淀池可采用移动式吊泵。沉淀池溢流水可根据性质作为工艺水回用，如用于磨矿、分级、粗选、扫选等非精选作业。

(5) 尾矿库废水控制。一是库内溢流水，二是坝体渗漏水。重选及磁选尾矿经尾矿库沉淀，洁净溢流及渗水流入坝外的回水泵站，用泵打回选矿厂作为回水再生产循环使用，浮选厂尾矿库回水要评估其影响，采取相应净化措施后回用。

(6) 生活污水处理措施。生活污水来自洗浴间、食堂、办公室等场所，与工艺废水性质差异大，主要为好氧有机物污染（BOD、COD），含少量固体废弃物（SS），可接入城市管网集中处理，没有条件的选矿厂可汇集进入化粪池处理。

11.5.5 厂区绿化

绿化是保护和改善环境的有效措施。绿化既可以净化空气、过滤消除大气中粉尘烟气，还可以阻挡减弱尘土和风沙飞扬。绿化可以消除减弱噪声，可以加固坡地或填方陡坡路堤，起到稳定土壤作用。绿化改善环境质量，美化厂区环境，改善劳动条件，提高生产效率，保护工人的身体健康。主要措施包括：

(1) 厂区内利用零星空地，有计划地种草植树，保护环境。厂区外，如水源地、尾矿库等也应这样做。

(2) 厂区道路两侧和边缘空地应植树，但在汽车行车视距以内不应栽高大树木，以免阻挡行车视距。为了防止道路两侧乔木树枝下垂影响交通，应适时对乔木剪枝。

(3) 在道路高路堤和厂区台阶填方边坡地方应种草或铺草皮，以绿化环境。

(4) 厂区局部绿化，如原矿堆场、精矿堆场和煤堆等，在其周围应种一些树木遮蔽，以防止粉尘灰尘的飞扬，树木应是生命力强的防烟及防灰的品种。

(5) 行政生活福利设施，重点美化设施放在办公楼前，停车场附近出入口处可以栽植观赏性的植物，修建花池和盆景等。

(6) 厂区绿化系数不小于30%。

(7) 尾矿库绿化，对于已堆积到设计高度，进行封库并实施生态恢复，覆土种植庄稼或者花草树木，不但可绿化尾矿库环境，而且可抑制二次扬尘。

附　　录

附录 1　选矿厂设计相关国家标准（规范）

[1] GB 50612—2010 冶金矿山选矿厂工艺设计规范
[2] GB 50782—2012 有色金属选矿厂工艺设计规范
[3] GB 50359—2016 煤炭洗选工程设计规范
[4] HG/T 22808—2016 化工矿山选矿厂工艺设计规范
[5] GB 18152—2000 选矿安全规程
[6] GB 50863—2013 尾矿设施设计规范
[7] GB 50595—2010 有色金属矿山节能设计规范
[8] GB 50421—2018 有色金属矿山排土场设计标准
[9] GB/T 50951—2013 有色金属矿山工程建设项目设计文件编制标准
[10] GB/T 50377—2019 矿山机电设备工程安装及验收标准
[11] GB 50595—2010 有色金属矿山节能设计规范
[12] GB/T 51196—2016 有色金属矿山工程测控设计规范
[13] GB 50231—2009 机械设备安装工程施工及验收通用规范
[14] GB/T 18916.32—2017 取水定额　第 32 部分：铁矿选矿
[15] GB 31337—2014 铁矿选矿单位产品能源消耗限额
[16] GB/T 51075—2015 选矿机械设备工程安装规范
[17] GB 50506—2009 钢铁企业节水设计规范
[18] YS/T 5023—1994 有色金属选矿厂工艺设计制图标准
[19] YB/T 4647—2018 铁精矿单位产品能耗定额
[20] GB 50270—2010 输送设备安装工程施工及验收规范
[21] GB 50275—2010 压缩机、风机、泵安装工程施工及验收规范
[22] GB 50276—2010 破碎、粉磨设备安装工程施工及验收规范
[23] GB 50278—2010 起重设备安装工程施工及验收规范
[24] GB/T 36704—2018 铁精矿
[25] YS/T 351—2015 钛铁矿精矿
[26] YS/T 320—2014 锌精矿
[27] GB/T 27682—2011 铜渣精矿
[28] YS/T 318—2007 铜精矿
[29] YS/T 433—2016 银精矿
[30] YS/T 235—2016 钼精矿
[31] YS/T 340—2014 镍精矿
[32] YS/T 231—2015 钨精矿

[33] YS/T 339—2011 锡精矿
[34] YS/T 319—2013 铅精矿
[35] YS/T 320—2014 锌精矿
[36] GB/T 25953—2010 有色金属选矿回收铁精矿
[37] GB/T 18229—2000 CAD 工程制图规则
[38] GB/T 50748—2011 选煤工艺制图标准
[39] GB 3101—1993 有关量、单位和符号的一般原则
[40] GB 3100—1993 国际单位制及其应用
[41] GB/T 50103—2010 总图制图标准
[42] GBZ 1—2010 工业企业设计卫生标准
[43] GB 12348—2008 工业企业厂界环境噪声排放标准
[44] GB 16297—1996 大气污染物综合排放标准
[45] GB/T 29773—2013 铜选矿厂废水回收利用规范
[46] GB 8978—1996 污水综合排放标准
[47] GB/T 50087—2013 工业企业噪声控制设计规范
[48] GB 13456—2012 钢铁工业水污染物排放标准
[49] GB 12348—2008 工业企业厂界环境噪声排放标准
[50] GB 50406—2017 钢铁工业环境保护设计规范
[51] GB 16297—1996 大气污染物综合排放标准
[52] GB 13271—2001 锅炉大气污染物排放标准
[53] DB 21/1627—2008 辽宁省污水综合排放标准
[54] DB 21/2642—2016 辽宁省施工及堆料场地扬尘排放标准
[55] GB 3095—2012 环境空气质量标准
[56] AQ 2006—2005 尾矿库安全技术规程
[57] GBZ2—2007 工作场所有害因素职业接触限值
[58] GB 50070—2009 矿山电力设计规范
[59] GB 5083—1999 生产设备安全卫生设计总则
[60] AQ/T 2050. 1—2016 金属非金属矿山安全标准化规范导则
[61] GB 6222—2005 工业企业煤气安全规程
[62] AQ2005—2005 金属非金属矿山排土场安全生产规则
[63] GB 16423—2006 金属非金属矿山安全规程
[64] GB 6722—2014 爆破安全规程
[65] GBJ 50016—2006 建筑设计防火规范
[66] GB 50057—2010 建筑物防雷设计规范
[67] GB 50011—2010 建筑抗震设计规范［附条文说明］（2016 年版）
[68] GB 50981—2014 建筑机电工程抗震设计规范
[69] GB 50062—2008 电力装置的继电保护和自动装置设计规范
[70] GB 4387—2008 工业企业厂内铁路、道路运输安全规程
[71] HG/T 22808—1997 化工矿山选矿厂工艺设计规范

［72］YS/T 5023—1994 有色金属选矿厂工艺设计制图标准

［73］QJ/AY03. 105—2002《选矿专业制图规定》（中冶北方工程技术有限公司矿山研究院）

［74］KSY/QB-SX001—2016《选矿专业 CAD 制图规定》（鞍钢集团矿业设计研究院）

［75］Q/YSBZJ 02004—2006 选矿厂磨矿厂房工艺设计细则（中国恩菲工程技术有限公司）

注意：上述标准以国家或行业最新修订版为准。

附录 2　说明书目录结构样例

（1）某选矿厂设计说明书目录结构样例

1　总论
　1.1　任务的来源
　1.2　设计依据和原则
　1.3　地理交通位置
　1.4　主要建设条件
　1.5　工程概况
2　选矿工艺
　2.1　设计依据
　2.2　矿石性质
　2.3　矿山供矿条件
　2.4　选矿试验研究
　2.5　设计流程的确定
　2.6　工作制度与各作业生产能力
　2.7　主要设备选择与计算
　2.8　药剂制备
　2.9　矿仓
　2.10　厂房组成及工艺生产过程
　2.11　检修设施
3　给排水及尾矿系统
　3.1　设计范围及设计依据
　3.2　生产用水量计算
　3.3　外部生产供水水源系统
　3.4　厂区供水系统
　3.5　厂区排水系统
　3.6　尾矿浓缩输送系统
　3.7　尾矿库
4　总图运输与公用辅助设施
　4.1　基础资料
　4.2　厂区平面及竖向布置
　4.3　外部能源设施
　4.4　生产及辅助运输
　4.5　厂区绿化
　4.6　消防、救护和警卫
　4.7　征地及拆迁

4.8　水土保持
4.9　主要技术经济指标
4.10　工程数量
5　供配电工程
5.1　设计依据
5.2　设计内容
5.3　供电电源及负荷等级
5.4　计算负荷
5.5　发展远景规划、分期建设及措施
5.6　供电电源的确定及存在的问题
5.7　总降压变电所
5.8　车间变配电所供电
5.9　电气传动
5.10　电气照明
5.11　电气安全
6　自动控制
6.1　设计范围
6.2　工艺过程的主要检测、控制项目
6.3　设备装备水平的选择和控制方式
6.4　仪表室
7　通信
7.1　行政电话
7.2　指令通信
7.3　通信线路
8　采暖与除尘
8.1　设计范围
8.2　设计依据
8.3　气象资料
8.4　采暖设计
8.5　通风除尘
8.6　综合指标
9　供热
9.1　设计依据
9.2　热负荷确定
9.3　锅炉房
9.4　煤场及上煤系统
9.5　渣场及除渣系统
9.6　室外热网
9.7　综合指标

10 机修及化检验
10.1 化验室
10.2 备品库、材料堆场
10.3 机修
11 土建工程
11.1 设计依据、设计原则及设计要求
11.2 厂区自然条件
11.3 施工条件
11.4 建筑设计
11.5 结构设计
12 环境保护
12.1 设计依据
12.2 工程概述
12.3 污染源、污染物及其治理措施
12.4 环境监测及环保管理机构
12.5 环保投资
13 安全与工业卫生
13.1 设计依据
13.2 工程概述
13.3 安全技术
13.4 工业卫生
13.5 劳动环境检测与安全卫生管理工作
14 能源消耗及节能措施
14.1 能源消耗
14.2 节能措施

(2) 某毕业设计说明书结构样例

1 总论
1.1 毕业设计的选题背景，设计依据
1.2 厂区的自然情况
1.2.1 隶属关系
1.2.2 采矿概况，原料来源，产品去向
1.2.3 地理位置及交通概况
1.2.4 供水、供电
1.2.5 气象资料
1.2.6 居民和经济文化
1.3 矿区地质概况
1.3.1 矿区地质概况
1.3.2 矿石性质

1.4　选矿厂概况
1.4.1　选矿厂车间工作制度
1.4.2　选矿厂经济技术指标
2　可行性研究
2.1　矿石性质研究
2.1.1　矿床类型
2.1.2　矿石性质
2.1.3　矿石嵌布粒度特征
2.2　可选性研究
2.2.1　矿石相对可磨度
2.2.2　矿石别选试验
2.3　方案拟定
2.4　流程合理性论证
2.4.1　破碎流程的合理性分析
2.4.2　阶段磨选流程的合理性分析
2.4.3　粗粒重选的合理性分析
2.4.4　弱磁—强磁工艺的合理性
2.4.5　粗精矿反浮选工艺的合理性
2.4.6　中矿再磨工艺的合理性
2.4.7　联合流程对原矿性质的适应性分析
3　流程计算
3.1　车间作业率的确定
3.2　主要原始指标的确定
3.3　计算过程及结果
3.3.1　破碎部分
3.3.2　磨选部分
4　设备的选择
4.1　破碎设备的选择
4.1.1　粗碎设备的选择
4.1.2　中、细碎设备的选择
4.2　筛子的选择
4.2.1　固定筛的选择
4.2.2　振动筛的选择
4.3　磨矿设备的选择
4.3.1　一段磨矿的选别计算
4.3.2　二段磨机的选择
4.4　水力旋流器的选择
4.4.1　粗细分级水力旋流器的选择
4.4.2　一次分级水力旋流器的选择

附录3　毕业设计答辩

1　成绩构成

学生的毕业设计成绩一般由三部分构成，指导教师评阅成绩（设计说明书成绩、图纸成绩与平时成绩结合评定）占30%，评阅人评阅成绩占20%，答辩小组确定的答辩成绩占50%（以学校规定为准）。以上三项评分均应以百分制记分，然后按比例折算成五级记分的总成绩（优秀、良好、中等、及格、不及格）。

2　答辩准备

完成设计任务，通过相似度检测，通过答辩申请，进入答辩准备阶段。

（1）正式答辩材料的打印与装订：

1）符合本科生设计、论文撰写规范。注意字号、字间距、图表字号与要求。

2）印刷厂装订，装订时把任务书作为扉页。

3）图纸打印（CAD出图机绘制）须注意比例尺（必须选规范中的，不能任意确定），打印后检查并填涂剖面（红蓝铅笔）。图纸容易出现问题的地方：标题栏宽180mm，高80mm，定位编号直径10mm。

4）双面打印，薄一些。封面除外，其他按奇偶页打印方式进行双面打印。

（2）论文评审及答辩评分办法。

按《本科毕业设计（论文）工作管理规定》执行。

3　答辩

（1）答辩目的。

1）检验是否独立完成设计或论文工作，对专业素质和独立工作能力及应变能力进行考核。

验证学生对论文所述的技术经验是否是本人经历的，本人参与了多少，真实性怎样；

考查学生对论文涉及的专业知识掌握的深度、广度和运用知识的能力；

审查论文是否是考生独立完成，防止拼凑、抄袭、剽窃和请人代笔等作弊现象出现。

2）了解成果中表述不清楚或需要进一步解决的问题。

3）按设计或论文思路需要深入拓宽成果中的问题，判断学生对设计或论文的认识程度和理解程度。

4）了解对相应专业有关问题的掌握程度，如环保、财务。

（2）答辩作用。

1）答辩是一个增长知识、积累知识的过程；

2）答辩是学生全面展示自己素质和才能的大好机会；

3）答辩是学生学习、锻炼口才的一次实践机会。

（3）答辩程序。

先张挂图纸、图表，或播放PPT，再把说明书或论文交给评委。答辩小组组长宣布答辩开始，进入正式答辩环节。

1）自我陈述设计（论文）完成的内容和取得的成果。10 分钟左右，超出会被终止。一般要求脱稿进行。

2）评委提问。提 3~5 个问题。10~15 分钟时间。

（4）答辩的特点。

答辩双方均需要做好准备；答辩方式以“问答为主，辩论为辅”。

4　答辩前的准备工作

（1）熟读设计说明书（论文）。

掌握论点、论据和技术关键；弄懂弄通使用的技术术语、符号、公式的确切含义；

反复推敲是否有模糊不清、自相矛盾或用词不当的地方等。

（2）准备答辩稿。

包括答辩者自我介绍和题目。简明扼要概括一学期所做的工作，一般分成两部分进行，首先介绍矿石的主要性质，选矿厂的选址、车间构成、工艺特色，选用的主要设备，主要技术经济指标，设计亮点；然后对照图纸介绍工艺过程。论文要讲清解决了什么问题，有什么意义，研究的理论根据，技术关键、论点、论据，需要进一步研究的方向。

（3）写出发言提纲，供脱稿时备忘。

（4）预讲互听。找出不足，演练控制时间、语速等能力。

（5）复习所有学过的课程，尤其和毕业工作有关的内容，其广度深度涉及四年大学所有课程。

5　答辩时应注意的问题

（1）携带必要的资料，携带说明书、参考资料、笔记本、笔。

（2）按发言提纲宣讲，不要照本宣读。

（3）从容答辩。精神集中、态度端正、谦虚谨慎、实事求是；听清问题、弄懂题意后再作回答；回答问题简明扼要、充满自信、语言流畅、声音清晰、中心突出，不要东拉西扯，使人听后不得要领。力求准确、实在，留有余地，不可拔高，也不要把问题说“死”。吐字清晰、声音适中、层次分明。灵活应对，但不要强词夺理，进行狡辩。

有把握的问题，就申明理由进行答辩；不太有把握的问题，可以以谦虚口吻试着回答，能回答多少就回答多少，即使讲的不是很正确，也不要紧张，只要回答的内容与所提出的问题有关联，评委会引导和启发你进入正题的；或者说：“我还没有注意到这个问题，回去一定好好学习，搞懂它。”

（4）注意仪表、举止文明、语言谦虚、虚心学习、礼貌退场。

6　答辩后的工作

（1）收集图纸、说明书、论文等材料，装入档案袋中。图纸要折叠成好装入档案袋的大小，并折起标题栏，以便翻阅。写好封面及封底。

（2）第二天回到答辩室或教研室，帮助老师整理各种文件。

7 其他

没有开始答辩的，或答完辩收好文件的同学，可以在答辩时倾听其他同学答辩。要保持现场安静整洁，可以做些帮同学张挂图纸、给评委传递材料，以及其他服务等工作。不可以喧哗，不能用手势等来提醒正在答辩同学，也不能在后面做动作或表情影响答辩者。认真听评委对其他同学的提问，并时刻注意自己的答辩时间。

附录 4　设计进程样例

矿物加工工程专业大四第二学期，基本都是毕业实习和毕业设计时间，一般毕业设计（含实习）阶段有 16 周左右，去除周末大约 80 天。具体时间每年根据学校安排可能不同，为了学生能按参照时间点完成阶段任务，需制定日程表，张贴于设计室或发给学生。毕业设计进程表由指导教师制定，参考表格形式见附表 4-1。

附表 4-1　毕业设计进程表

序号	主 要 内 容	主要教学方式	学时分配 / 天
1	毕业设计动员，开题等	组会等	2
2	设计专题讲座	讲座	2
3	毕业实习准备	指导	1
4	毕业设计实习	实习	10
5	拟订方案，流程确定	指导	1
6	流程计算	指导	4
7	主要设备与设施选择、计算	指导	6
8	技术经济部分计算	指导	2
9	编写设计说明书草稿	指导	5
10	绘制工艺流程图	指导	2
11	绘制平面布置图 1	指导	5
12	绘制断面配置图 1	指导	5
13	整理设计说明书，教师审核	指导，审核	4
14	绘制平面布置图 2	指导	5
15	绘制断面配置图 2	指导	5
16	绘制平面布置图 3	指导	5
17	绘制断面配置图 3	指导	5
18	绘制设备形象联系图	指导	3
19	打印图纸、说明书，装订并上交	指导	2
20	教师审核，学生修改图纸和说明书	指导，审核	4
21	毕业答辩准备	组内预答辩	2
合　计			80

附录 5　毕业设计过程中的常见共性问题

近些年由于设计作业电子化，上下届传递设计成果的现象屡见不鲜，这是严重的学术不端行为，必须严格遵守独立设计的原则。指导教师要在平时及时发现并制止，给予严厉批评，扣平时分，否则最后提交成果若发现此问题，将按学术不端处理，取消答辩资格。除学术不端问题之外，还有一些常见的共性问题，笔者结合近几年指导设计经验总结如下：

（1）说明书或论文结构不合理，格式千篇一律。

（2）形式检查不够认真，撰写格式不符合《学校毕业设计（论文）规范》要求。存在较多的错别字及较多图、表没有统一的规范的格式（样式、编号、图名和表头），如三线表使用不规范，物理量的单位写法非国际化，格式不规范等。

（3）摘要部分抓不住核心，不能让人一下子看明白设计或论文的来龙去脉，或冗长累赘不够精练。摘要应简明扼要描述设计任务、主要工作、设计方案与特点、主要工艺参数、重要设备的规格型号、创新点等。

（4）数据不准，图纸、说明书说明与计算部分三套数据不一致，相互独立。还有引用数据不准，将错就错，不知其所以然。

（5）流程论述不充分，要么引用大段教科书资料，要么引用大量“可行性”资料，但均不能很好地结合自己的设计展开论述。

（6）经济技术部分欠缺，不少同学按比例进行推算，处理成本照搬资料数据。

（7）没有仔细学习制图规范，线条粗细、类型均不合理；比例随心所欲，不合乎规范要求；剖面及局部放大图的比例标注均不规范。

（8）定位尺寸不完整。

（9）设备尺寸自己随便制定，不在标准系列中。

（10）某些线条意义不明，照抄照搬。

（11）细节缺乏认真考虑，如门窗、地平、楼梯、房顶、吊车轨道等。

（12）少数同学自己不认真设计，照扒参考图纸。

（13）平断面割裂，相关图纸割裂。一个车间、一个位置的不同图纸表达，对应的设计内容应完全一致，相辅相成。

（14）设备布置选看的参考图册不足，考虑不周，导致布置随意和不合理。

附录6　毕业设计撰写规范

本科生毕业设计没有统一的国家规范标准。遵循 GB 7713—1987《科学技术报告、学位论文和学术论文的编写格式》、GB/T 7408—1994《数据元和交换格式 信息交换日期和时间表示法》、GB 3100~3102. 1~13—1993《国际单位制及其应用》《有关量、单位和符号的一般原则》及各领域的量与单位及符号、GB 8170—1987《数值修约规则》、GB/T 7714—2005《文后参考文献著录规则》等国家标准，参考 ISO 690《文献工作　文后参考文献内容、形式与结构》和 ISO 690-2《信息与文献　参考文献　第 2 部分：电子文献部分》等国际标准，各高校一般都会制定本校毕业设计撰写规范。

参考样例（引自辽宁科技大学）：

毕业设计（论文）是培养学生综合运用本学科的基本理论、专业知识和基本技能，分析和解决实际问题，锻炼创新能力的重要环节。为进一步规范本科生毕业设计（论文）写作，保证本科生毕业设计（论文）的质量，特制定《大学本科生毕业设计（论文）撰写规范》。

各学院可以根据专业特点和实际需要对毕业设计（论文）结构和书写规范做适当调整。规范中对毕业设计和研究论文分别提出了相应要求，学生可参照规范中对应条目要求进行撰写。

1　内容要求

1.1　题名

题名是揭示毕业设计（论文）主题和概括特定内容的恰当、简明的词语的逻辑组合。应简明、醒目、恰当、有概括性，一般不宜超过 20 个汉字；外文（一般为英文）题名应与中文题名含义一致，一般不超过 10 个实词。不允许使用非公知公用、同行不熟悉的外来语、缩写词、符号、代号和商品名称。题名语意未尽、确有必要补充说明其特定内容时，可加副题名。

1.2　摘要与关键词

1.2.1　摘要

摘要应概括地反映出毕业设计（论文）的目的、内容、方法、结果和结论。摘要中不宜使用公式、图表，不标注引用文献编号。中文摘要一般为 300~500 字，并翻译成英文（1200~1500 字符）。

1.2.2　关键词

关键词供文献检索使用，是表达文献主题概念的自然语言词汇，可从其题名、层次标题和正文中选出。关键词一般 3~8 个。

1.3　目录

目录按章、节、条三级标题编写，要求标题层次清晰。目录中的标题要与正文中标题一致。目录中应包括绪论、主体、结论、致谢、参考文献、附录等。毕业设计（论文）章、节、条编号一律左顶格，编号后空一个字距，再排章、节、条题名。

1.4 正文

正文是毕业设计（论文）的主体和核心部分，一般应包括绪论、论文主体及结论等部分。

1.4.1 绪论

绪论一般作为第一章，是毕业设计（论文）主体的开端。绪论应包括：毕业设计（论文）的选题背景及目的；国内外研究状况和相关领域中已有的研究成果；课题的研究方法、研究内容等。绪论一般不少于2000字。

1.4.2 主体

主体是毕业设计（论文）的主要部分，应该结构合理，层次清楚，重点突出，文字简练、通顺。主体应包括以下内容：

（1）毕业设计（论文）总体方案设计与选择的论证。

（2）毕业设计（论文）各部分（包括硬件和软件）的设计与计算。

（3）实验方案设计的可行性，实验过程，实验数据的处理与分析。

（4）对本研究内容和成果应进行较全面、客观的理论阐述，应着重指出本研究内容中的创新、改进及实际应用之处。理论分析中，应将他人研究成果单独书写，并注明出处，不得将其与本人提出的理论分析混淆在一起。对于引用的本研究领域外其他领域的理论、结果，应说明出处，并论述引用的可行性和有效性。

（5）自然科学的论文应推理正确、结论清晰，无科学性错误。

（6）管理和人文学科的论文应包括对研究问题的论述及系统分析、比较研究、模型或方案设计、案例论证或实证分析、模型运行的结果分析、建议和改进措施等。

1.4.3 结论

结论单独作为一章，但不加章号。

结论是毕业设计（论文）的总结，是整篇毕业设计（论文）的归宿。要求精炼、准确地阐述自己的创造性工作或新的见解及其意义和作用，还可进一步提出需要讨论的问题和建议。

1.5 致谢

致谢中主要感谢导师和对毕业设计（论文）工作有直接贡献及帮助的人士和单位。

1.6 参考文献

参考文献按正文中出现的先后排序列出。

毕业设计（论文）的撰写应本着严谨求实的科学态度，凡有引用他人成果之处，均应按文中出现的先后次序列于参考文献中。并且只应列出正文中以标注形式引用或参考的有关著作和论文。一篇论著在文中多处引用时，在参考文献中只应出现一次，序号以第一次出现的为准。

原则上要求毕业设计（论文）的参考文献应多于15篇。其中，至少3篇为外文文献。

1.7 附录

对于一些不宜放入正文但又是毕业设计（论文）不可缺少的部分，或有重要参考价值的内容，可编入毕业设计（论文）的附录中。例如，重要公式的详细推导，必要的重复性数据、图表，程序全文及其说明等。

按照专业性质不同规定一定数量和图幅的设计图纸。

2　书写规范与打印要求

2.1　文字和字数

除外语专业外，一般用汉语简化文字书写，字数 0.8 万~1.5 万字；设计说明书字数在 0.8 万~1 万字（建筑设计专业可在 0.6 万~0.9 万字）。

2.2　书写

激光打印机打印，A4 幅面。

2.3　字体和字号

（1）题目：2 号黑体；（2）章标题：3 号黑体；（3）节标题：4 号黑体；（4）条标题：小 4 号黑体；（5）中文摘要：小 4 号楷体；（6）英文摘要：小 4 号 Times New Roman 字体；（7）正文：小 4 号宋体；（8）页码：5 号宋体；（9）数字字母：小 4 号 Times New Roman 体。

2.4　封面

封面由学校统一印刷，按照要求填写。

2.5　页面设置

2.5.1　页眉

页眉为　　　　本科生毕业设计（论文）　　　　第×页

2.5.2　页边距

上边距：30mm；下边距：25mm；左边距：25mm；右边距：25mm；行间距为 1.5 倍行距。

2.5.3　页码的书写要求

页码从绪论开始至附录止，用阿拉伯数字连续编排，页码位于页眉右侧。封面、扉页、任务书、开题报告、摘要和目录页不编入论文页码；摘要和目录页用罗马数字单独排序。

2.6　摘要

2.6.1　中文摘要

摘要居中排（3 号黑体），摘要正文可分段落（小 4 号楷体）。摘要正文后下空一行打印“关键词”三字（4 号黑体），关键词一般为 3~5 个（小 4 号楷体），每一关键词之间用逗号分开，最后一个关键词后无标点符号。

2.6.2　英文摘要

英文摘要单独排页，其内容及关键词应与中文摘要一致，并要符合英语语法，语句通顺，文字流畅。英文为 Times New Roman 体，字号与中文摘要相同。

2.7　目录

目录的三级标题，建议按（1，2，……；1.1，1.2，……；1.1.1，1.1.2，……）的格式编写，目录中各章题序的阿拉伯数字用 Times New Roman 体，第一级标题用小 4 号黑体，其余用小 4 号宋体，1.5 倍行距。

2.8　论文正文

2.8.1　章节及各章标题

正文分章节撰写，每章独立起页。各章标题要突出重点、简明扼要。字数一般在 15 字以内，不得使用标点符号。标题中尽量不采用英文缩写词，对必须采用者，应使用本行业的通用缩写词。

2.8.2　层次

层次以少为宜，根据实际需要选择。正文层次的编排和代号要求统一，层次为章（例如：1）、节（例如：1.1）、条（例如：1.1.1）、款（例如：1.）、项（例如：（1））。层次用到哪一层次视需要而定，若节后无须条时，可直接列款、项。节、条的段前、段后各设为 0.5 行。

2.9　引用文献

引用文献标示方式全文统一，采用所在学科领域内通用的方式，用上标的形式置于所引内容最末句的右上角，用小 4 号字体。引文文献编号用阿拉伯数字置于方括号中。当提及的参考文献在文中出现时，序号用小 4 号字与正文同排，例如：由文献［8，10-14］可知。

不得将引用文献标示置于各级标题处。

2.10　名词术语

科技名词术语及设备、元件的名称，采用国家标准或部颁标准中规定的术语或名称。标准中未规定的术语要采用行业通用术语或名称。全文名词术语必须统一。一些特殊名词或新名词应在适当位置加以说明或注解。

采用英语缩写词时，除本行业广泛应用的通用缩写词外，文中第一次出现的缩写词用括号注明英文全文。

2.11　物理量名称、符号与计量单位

2.11.1　物理量的名称和符号

物理量的名称和符号应符合 GB 3100~3102—1993 的规定。论文中某一量的名称和符号应统一。

2.11.2　物理量计量单位

物理量计量单位和符号按国务院 1984 年发布的《中华人民共和国法定计量单位》及 GB 3100~3102—1993 执行，不得使用非法定计量单位及符号。计量单位符号，除用人名命名的单位第一个字母用大写之外，一律用小写字母。计量单位符号一律用正体。

非物理量单位（如件、台、人、元、次等）可以采用汉字与单位符号混写的方式。例如：万 t · km。

叙述中不定数字之后用中文计量单位。例如，几千克。

表达时刻时应采用中文计量单位。例如，上午 8 点 3 刻不能写成 8h45min。

2.12　外文字母的正、斜体用法

物理量符号、物理常量、变量符号用斜体，计量单位等符号均用正体。

2.13　数字

按照《中华人民共和国国家标准出版物数字用法》，习惯上用中文数字表示的除外，

一般均采用阿拉伯数字。年份须写全数。例如，2003年不能写成03年。

2.14 公式

重要公式单独居中排版并编号，公式序号居右顶格处，公式和序号之间不加虚线。公式序号按章编排。例如，第一章第一个公式序号为（1.1），附录A中的第一个公式为（A1）等。公式较长时，优先在等号“=”后转行；难于实现时，则可在+、-、×、÷运算符号后转行。

文中引用公式时，一般用“见式（1.1）”或“由公式（1.1）”。

公式中用斜线表示“除”的关系时应采用括号，以免产生歧义。例如：$a/(b\cos x)$。通常“乘”的关系在前。

2.15 表格

每个表格须有表序和表题。并应在文中进行说明。例如：如表1.1。

表格的表顶、底线用粗线，栏目线用细线；表序按章编排。例如，第一章第一个插表的序号为表1.1。表序与表题之间空一格，居表中排；表题中不允许使用标点符号，表名后不加标点。表序与表题用5号黑体，数字和字母为5号Times New Roman体加粗。

表头设计应简单明了，表头与表格为一整体，不得拆分排写于两页。

表身内数字一般不带单位；全表用同一单位时，将单位符号移至表头右上角。

表中数据应正确无误，书写清楚。数字空缺的格内加“-”字线（占2个数字），不允许用“〃”、“同上”之类的写法。

表内文字说明（5号宋体），起行空一格，转行顶格，句末不加标点。

表中若有附注时，用小5号宋体，写在表的下方，句末加标点。仅有一条附注时写成：注：……；有多条附注时，附注各项的序号一律用阿拉伯数字，例如：注1：……。

2.16 图

插图采用就近排原则，应与文字紧密配合，文图相符，内容正确。选图要力求精练。

2.16.1 制图标准

插图应符合国家标准及专业标准。

机械工程图、电气图等：严格按照有关标准规定。

流程图：原则上应采用结构化程序并正确运用流程框图。

对无规定符号的图形应采用该行业的常用画法。

2.16.2 图题及图中说明

每幅插图均应有图序和图题。图序号按章编排。例如，第一章第一个图的图序为图1.1。图序和图题置于图下，用5号黑体。有图注或其他说明时应置于图题之上，用小5号宋体。图题与图序之间空一格。引用图应说明出处，在图题右上角加引用文献号。图中若有分图时，分图序号用a，b，……置于分图之下，分图图题用小5号宋体。

图中各部分说明应采用中文（引用的外文图除外）或数字项号，各项文字说明置于图题之上（有分图题者，置于分图题之上）。

2.16.3 插图编排

插图与其图题为一个整体，不得拆分排写于两页。插图处的该页空白不够排写该图整体时，可将其后文字部分提前排写，将图移至次页最前面。

2.16.4 坐标与坐标单位

对坐标轴必须进行说明，有数字标注的坐标图，必须注明坐标单位。

2.16.5 原件中照片图

原件中的照片图应是直接用数码相机拍照的照片，或是原版照片经过扫描后粘贴的图片，不得采用复印方式。照片可为黑白或彩色，应主题突出、层次分明、清晰整洁、反差适中。对金相显微组织照片必须注明放大倍数。照片图同插图一起排序，图序和图题与其他插图要求相同。

2.17 注释

有个别名词或情况需要解释时，可加注释说明。注释采用页末注（将注文放在加注页的下端），而不用行中注释（夹在正文中的注释）。若在同一页中有两个以上的注释时，按各注释出现的先后，用阿拉伯数字编序，例如：注 1：……，注 2：……。注释只限于排在注释符号出现的同页，不得隔页。

2.18 参考文献

2.18.1 著录规则

参考文献的著录均应符合国家有关标准（按 GB 7714—2005《文后参考文献著录规则》执行）。以"参考文献"居中排作为标识；参考文献的序号左顶格，并用数字加方括号表示（例如：[1]，[2]，…），并与正文中的指示序号格式一致。每一参考文献条目的最后均以"."结束。各类参考文献条目的编排格式及示例如下。

（1）连续出版物

[序号] 主要责任者（写出前三个，多于三个的，后面用逗号加等）. 文献题名[J]. 刊名，出版年份，卷号（期号）：起止页码.

示例：

[1] 毛峡，丁玉宽. 图像的情感特征分析及其和谐感评价 [J]. 电子学报，2001，29 (12A)：1923-1927.

[2] CAPLANP. Cataloging internet resources [J]. The Public Access Computer Systems Review，1993，4 (2)：61-66.

（2）专著

[序号] 主要责任者. 文献题名 [M]. 出版地：出版者，出版年：起止页码.

示例：

[4] 刘国钧，王连成. 图书馆史研究 [M]. 北京：高等教育出版社，1979：15-18.

[5] 沈继红，施久玉，高振滨，等. 数学建模 [M]. 修订版. 哈尔滨：哈尔滨工程大学出版社，2000：77-86.

（3）（会议）论文集或专著中的析出文献

[序号] 文献主要责任者. 文献题名 [C]（或 [M]）//论文集或专著主要责任者. 论文集或专著题名. 出版地：出版者，出版年：起止页码.

示例：

[6] 钟文发. 非线性规划在可燃毒物配置中的应用 [C] //赵玮. 中国运筹学会第五届大会论文集. 西安：西安电子科技大学出版社，1996：468-471.

［7］WEINSTEIN L，SWERTZ M N. Pathogenic properties of invading microorganism ［M］//SODEMAN W A，Jr.，SODEMAN W A. Pathologic physiology：Mechanisms of disease. Philadelphia：Saunders，1974：747-772.

（4）学位论文

［序号］主要责任者．文献题名［D］．保存地：保存单位，年份．

示例：

［8］张和生．地质力学系统理论［D］．太原：太原理工大学，1998.

（5）报告

［序号］主要责任者．文献题名［R］．报告地：报告会主办单位，年份．

示例：

［9］冯西桥．核反应堆压力容器的LBB分析［R］．北京：清华大学核能技术设计研究院，1997.

（6）专利文献

［序号］专利所有者．专利题名［P］．专利国别：专利号，公告（或公开）日期（引用日期）．获取或访问途径．

示例：

［10］姜锡洲．一种温热外敷药制备方案［P］．中国：881056078，1983-08-12.

［11］西安电子科技大学．光折变自适应光外差探测方法：中国：01128777.2［P/OL］. 2002-05-28. http：//211.152.9.47/sipoasp/zljs/hyjs-yx-new.asp?recid=01128777.2&leixin=0.

（7）国际、国家标准

［序号］标准代号，标准名称［S］．出版地：出版者，出版年．

示例：

［12］GB/T 16159—1996，汉语拼音正词法基本规则［S］．北京：中国标准出版社，1996.

（8）报纸文章

［序号］主要责任者．文献题名［N］．报纸名，出版日期（版次）．

示例：

［13］毛峡．情感工学破解“舒服”之谜［N］．光明日报，2000-04-17（B1）．

（9）电子文献

［序号］主要责任者．电子文献题名［文献类型/载体类型］．电子文献的出处或可获得地址，发表或更新的日期/引用日期（任选）．

示例：

［14］王明亮．中国学术期刊标准化数据库系统工程的［EB/OL］. http：//www.cajcd.cn/pub/wml.txt/9808 10-2.html，1998-08-16/1998-10-04.

外国作者的姓名书写格式一般为：姓，名的缩写。例如：JOHNSON A，DUDA R O.

2.18.2　标识

根据GB 3469—83规定，以单字母方式标识以下各种参数文献类型，见附表2.1。

附表 2.1　参数文献的标识

参考文献类型	专著	论文集（汇编）	（单篇论文）	报纸文章	期刊文章
文献类型标识	M	C(G)	(A)	N	J
参考文献类型	学位论文	报告	标准	专利	其他文献
文献类型标识	D	R	S	P	Z

数据库、计算机程序及光盘图书等电子文献类型参考文献的标识字母，见附表 2.2。

附表 2.2　电子文献的标识

参考文献类型	数据库（联机网络）	计算机程序（磁盘）	光盘图书
文献类型标识	DB(DB/OL)	CP(CP/DK)	M/CD

关于参考文献的未尽事项可参见国家标准《文后参考文献著录规则》（GB 7714—2005）。

2.19　附录

附录依序用大写正体 A，B，C……编序号。例如：附录 A。附录中的图、表、公式等编序一律用阿拉伯数字，但在数字前冠以附录序号。例如：图 A1，表 B2 等。

以下内容可放在附录之内：

（1）正文内过于冗长的公式推导；

（2）方便他人阅读所需的辅助性数学工具或表格；

（3）重复性数据和图表；

（4）论文使用的主要符号的意义和单位；

（5）程序说明和程序全文。

这部分内容可省略。如果省略，删掉此页。

2.20　印刷与装订

按以下顺序印刷与装订。

（1）封面；（2）独创性声明、关于论文使用和授权的说明；（3）中文摘要；（4）英文摘要；（5）目录；（6）正文；（7）致谢；（8）参考文献；（9）附录；（10）封底（外文文献翻译等要求各学院自定）。

2.21　资料袋

资料袋按以下顺序装入材料。

（1）毕业设计（论文）手册；（2）开题报告；（3）毕业设计（论文）；（4）图纸、软件等其他需归档材料。

参考文献

[1]《选矿设计手册》编委会. 选矿设计手册［M］. 北京：冶金工业出版社，2011.
[2]《中国选矿设备手册》编委会. 中国选矿设备手册（上、下册）［M］. 北京：科学出版社，2006.
[3] 周龙延. 选矿厂设计［M］. 长沙：中南大学出版社，2006.
[4] 冯守本. 选矿厂设计［M］. 北京：冶金工业出版社，1996.
[5] 周小四. 选矿厂设计［M］. 北京：冶金工业出版社，2016.
[6] 黄丹. 现代选矿技术手册（第 7 册）· 选矿厂设计［M］. 北京：冶金工业出版，2010.
[7] 王运敏，田嘉印，王化军，等. 中国黑色金属矿选矿实践（上、下册）［M］. 北京：科学出版社，2008.
[8] 王毓会，王化军. 矿物加工工程设计［M］. 长沙：中南大学出版社，2012.
[9] 马华麟. 现代铁矿石选矿（上、下册）［M］. 合肥：中国科学技术大学出版社，2009.
[10] 中华人民共和国国家标准. 冶金矿山选矿厂工艺设计规范（GB 50612—2010）［S］. 北京：中国标准出版社，2012.
[11] 中华人民共和国国家标准. 有色金属选矿厂工艺设计规范（GB 50782—2012）［S］. 北京：中国标准出版社，2010.
[12] 中华人民共和国国家标准. 煤炭洗选工程设计规范（GB 50359—2016）［S］. 北京：中国标准出版社，2016.
[13]《新编矿山选矿设计手册》编委会. 新编矿山选矿设计手册［M］. 北京：冶金工业出版社，2017.
[14]《现代选矿技术手册之选矿厂设计》编委会. 现代选矿技术手册之选矿厂设计［M］. 北京：冶金工业出版社，2012.
[15] 张一敏. 固体物料分选理论与工艺［M］. 北京：冶金工业出版社，2007.
[16]《选矿手册》编辑委员会. 选矿手册第七卷［M］. 北京：冶金工业出版社，1992.
[17]《有色金属工程设计项目经理手册》编写组. 有色金属工程设计项目经理手册［M］. 北京：化学工业出版社，2003.
[16]《选矿手册》编委会. 选矿手册（1~8 卷）［M］. 北京：冶金工业出版社，1990.
[17] 孙时元. 最新中国选矿设备手册［M］. 北京：机械工业出版社，2012.
[18] 兰忆明. 新编矿山选矿工程设计与技术标准规范实用全书［M］. 北京：中国矿业出版社，2006.
[19] 刘天奇. 三废处理工程技术手册（废气卷）［M］. 北京：化学工业出版社，2003.
[20] 北京市水环境技术与设备研究中心、北京市环境保护科学研究院、国家城市环境污染控制工程技术研究中心. 三废处理工程技术手册（废水卷）［M］. 北京：化学工业出版社，2000.
[21] 聂水丰. 三废处理工程技术手册（固体废物卷）［M］. 北京：化学工业出版社，2000.
[22] 郑长聚. 环境工程手册：环境噪声控制卷［M］. 北京：高等教育出版社，2000.
[23] 张殿印，王纯. 除尘工程设计手册［M］. 北京：化学工业出版社，2010.
[24] 王笏曹. 钢铁工业给水排水设计手册［M］. 北京：冶金工业出版社，2002.
[25] 祝玉学，戚国庆，鲁兆明，等. 尾矿库工程分析与管理［M］. 北京：冶金工业出版社，1999.
[26]《工矿绿化手册》编写组. 工矿绿化手册［M］. 北京：冶金工业出版社，1993.

冶金工业出版社部分图书推荐

书　　名	作　者	定价(元)
选矿工程师手册（第1~4册）	编委会　编	总价950.00
金属及矿产品深加工	戴永年　等著	118.00
矿产资源开发利用与规划（本科教材）	邢立亭　等编	40.00
地质学（第5版）（国规教材）	徐九华　主编	48.00
固体物料分选学（第2版）（本科教材）	魏德洲　主编	60.00
浮选（本科教材）	赵通林　编著	30.00
选矿厂设计（本科教材）	魏德洲　主编	40.00
新编选矿概论（第2版）（本科教材）	魏德洲　主编	35.00
选矿数学模型（本科教材）	王泽红　等编	49.00
选矿学实验教程（本科教材）	赵礼兵　主编	32.00
碎矿与磨矿（第3版）（国规教材）（本科教材）	段希祥　主编	35.00
磁电选矿（第2版）（本科教材）	袁致涛　主编	39.00
矿山安全工程（第2版）（国规教材）	陈宝智　主编	38.00
矿山环境工程（第2版）（国规教材）	蒋仲安　主编	39.00
矿山运输与提升（本科教材）	王进强　主编	39.00
矿山企业管理（本科教材）	李国清　主编	49.00
智能矿山（本科教材）	李国清　主编	29.00
矿产资源综合利用（高校教材）	张　佶　主编	30.00
选矿试验与生产检测（高校教材）	李志章　主编	28.00
选矿概论（高职高专教材）	于春梅　等编	20.00
选矿原理与工艺（高职高专教材）	于春梅　等编	28.00
矿石可选性试验（高职高专教材）	于春梅　主编	30.00
碎矿与磨矿技术（职业技能培训教材）	杨家文　主编	35.00
重力选矿技术（职业技能培训教材）	周小四　主编	40.00
磁电选矿技术（职业技能培训教材）	陈　斌　主编	29.00
浮游选矿技术（职业技能培训教材）	王　资　主编	36.00